怕輻射
不如先補腦

廖彥朋 著

輻射猶如雙刃刀，在醫療診斷及治療上，對人類有無可取代、極大的貢獻，但在取用其好處之餘，也不免要承受可能帶來的副作用。此外，在生活環境中也免不了受到微量輻射的可能。為減少不必要的恐慌，對輻射知識的了解與推廣是極其必要的，作者彥朋是我在長庚大學的學生，他以生活化的語法來說明與介紹輻射的正確觀念，相信可讓讀者在極短的閱讀時間內吸收到正確的資訊。

～洪志宏 林口長庚醫院副院長

2011年3月11日，日本東北地方外海三陸沖區域，發生規模9.0的大地震導致福島核洩事故，也讓一般民眾、臨床醫師和患者皆開始關切輻射曝露問題。當年年底在北美洲放射線醫學會的最高學術殿堂中，輻射曝露成為一個熱門議題；同一時間美國醫學物理學會也正式公告醫療輻射曝露的建議規範。凡此種種，都顯示大眾對輻射安全等問題愈來愈關切，因此我很樂見本書的問世。這是一本深入淺出、很容易閱讀的書籍，作者以詼諧輕鬆的文字，在兩百多頁的篇幅中，將大家在生活中的各種輻射憂慮包括醫用輻射、電磁波、紫外線和天然輻射等一次掃盲成功。

～萬永亮 長庚大學教授、醫學影像暨放射科學系主任兼所長

輻射在醫學、通訊等當代科技中被廣泛應用，已是生活不可卻缺的一部分，但總是對應著從未消弭的謠言與誤解。作者以學理基礎為本，盤點並解釋各類常見的輻射疑慮。期望本書的推廣與傳播，能拉近人們對輻射科學的資訊落差，進而成為輻射議題溝通的關鍵前提。

～廖英凱 泛科學網站專欄作者

序言　　**我是醫學物理師**

大家好，打給厚，胎嘎猴，我是部落客「周魚民的老闆」！

好啦，我本名叫做廖彥朋，是台北長大的孩子，也是醫學物理師，通常大家都叫我「物理師」。有時候遇到不太了解醫院生態的人，分不清醫院裡穿白袍的人有什麼差別，可能會叫我「廖醫師」。這時候我絕對會否認到底，我可沒遭受七年的拉丁文虐待，讓我的物理能力變成殘廢啊！

「你不是醫師喔，那你在哪一科工作？」我說：「放射科。」他們可能會興奮地說：「啊！我知道，照電光的嘛！有有有，我上禮拜才照過。」

噗噗！我不是放射師，放射師是操作醫用游離輻射儀器的專家，主要負責拍攝可供診斷用的透視影像。醫學物理師主要是負責放射線儀器的品質保證，在放射治療

部門工作的物理師還要負責設計治療計畫。

「治療？那你是復健科囉，物理治療師我知道，按摩的嘛！」噗噗！不是物理治療師啦，而且物理治療師也不是按摩師啦！通常這時候大家就會開始意識模糊，逐漸聽不進我說的話了。不過，別說一般人沒聽過醫學物理師，連我擔任放射科醫師多年的好朋友，也說在認識我之前從沒聽過醫學物理師，不知道我們在幹嘛？連同行都不知道你是誰！我想對專業人員來說，最悲慘的遭遇莫過於此。

遙想物理學家侖琴博士（Wilhelm Conrad Röntgen）發現了 X 光之後，隔年 X 光就被應用在醫學，從此「醫學」和「物理」的結合就成了「醫學物理」，爾後包括超音波、磁振造影、核子醫學、直線加速器、質子加速器等尖端醫學診療儀器的發展，讓醫學物理學逐漸從實驗室邁向臨床，原本只是在空閒時間用物理知識協助醫院解決問題的物理學家（physicist）逐漸演化為專門做臨床工作的醫學物理師（medical physicist），於是醫學物理成為一門真正的獨立專業了。目前在台灣的物理師主要是在放射腫瘤科（也就是放射治療科）以及放射科

（也就是放射診斷科）出沒，在國外則還有少數的物理師在核子醫學科工作，不過醫學物理師在醫院基本上是隱藏版吉祥物，平常幾乎不拋頭露面，但是業務卻與病人的醫療品質息息相關，若要一言以蔽之，那就是「確保病人在最佳的劑量條件下使用醫用輻射」，因此這是一門利用物理學知識確保醫療品質的行業。

這幾年因為 2011 年的東日本大震災，核能的議題又再度掀起熱潮，在醫院裡被詢問有關於輻射安全問題的頻率也大幅增高。此外，福島核電廠事故發生後，在我身邊經常出現口耳相傳的流言：「有人災後到日本玩，回台灣之後測得輻射超標，醫師建議五年內不要懷孕。」買尷的，這種一聽就破綻百出的東西居然也可以流傳到我工作的「放射科」裡，可見不僅是一般民眾，連醫院裡的醫事人員對放射線都可能只是一知半解。

不知道大家有沒有聽過一種叫做「東西掉到地上三秒內撿起來還可以吃」的傳說？我們都知道一般來說，即便是經常清掃的地板依然充滿著灰塵、各式細菌、黴菌與微型生物，想到這裡，我們直覺上都會認為吃下掉落在地面的食物可能有極大的生病風險，然而，如果你回

想一下親身經驗，就會發現其實沒有那麼嚴重。我當然不是要鼓勵大家一看到東西掉地上，就衝過去搶來吃，但是從實際生活經驗可以發現，很多「想像中」很恐怖的事情，往往就結果而言並沒有那麼嚴重，輻射也是如此的。

在輻射的領域裡，我們最在意的一件事叫做「劑量」，劑量將決定一個曝露事件對人體「會不會產生影響？」、「會產生怎樣的影響？」、「影響會有多嚴重？」等幾個不同層次的問題，所以每當有新聞事件或是重大輻射研究報告出現時，我們最關心的重點就是「劑量」。若我們常看媒體報導，可能會聽過「西弗」（Sv）或「毫西弗」（mSv）這種劑量單位，但是這些單位、數量到底代表什麼意義，對於非本科生而言可能也是莫名其妙，為了解決大家在生活中對輻射常見的疑惑，於是這本書誕生了。

雖然一開始我也試圖寫一些看起來比較正經、讀起來更有學者品味的內容，但是才寫沒五百個字，我自己就開始打瞌睡了。於是經過一番思量與琢磨後，這本書就變成現在的樣子了。書裡的每一張圖都是我全新編繪或

重製的，雖然有許多看起來很搞笑的劑量評估計算，但是每一個數字可都是經過非常認真的計算。書的結尾還放了一些非常艱澀難懂、絕對讓大家都看不下去的科學文獻，唯一的目的就是要讓你產生「雖然不太明白你在講什麼，不過看起來還蠻厲害」的幻覺。

　　我想，與其說這是一本科普書，我更希望這是一本大家喜歡的廁所良伴，我期待這本書能夠讓大家透過無痛、開心的閱讀，打下做為好國民應有的輻射知識根基，這樣一來，日後無論碰到媒體危言聳聽的報導，或是網路上來路不明的轉貼文章，大家都能具備科學的知識與態度，免於遭受謠言或偽科學的詐欺。其實，這本書所說的「防護」，是要防止一些亂七八糟的怪異資訊入侵我們的大腦啊！（大笑）

目 錄

Part II
X 光、磁振造影，免驚！

Part III

輻射來了，快逃啊！

PART I

要防輻射，
先補腦！

01

我書讀得不多，
你不要騙我說
這個沒輻射。

經常有人問我：「電視有沒有輻射？」「手機有沒有輻射？」「微波爐有沒有輻射？」如果是在醫院的話，就會有人問：「核磁共振有沒有輻射？」「超音波有沒有輻射？」其實這個問題的範圍很大，從廣義來說，幾乎全部都有輻射；從狹義來看，也可以說全部都沒有輻射，我們就先來了解一下什麼是「輻射」好了。

☢ 什麼是輻射？

「輻射」（radiation）是一種能量傳遞的形式，一般又稱為「電磁波」，在物理的分類上，所有會產生電磁波的東西都可稱作輻射，所以包括收音機的無線電波、WIFI、電燈、電腦，只要是需要插電或是裝電池的東西全部有輻射，這時候有人就恍然大悟了：「難怪經常用手機連WIFI上臉書的人罹患腦殘的比例那麼高！」雖然我無法反駁這個事實，但是英國研究顯示腦殘真的和輻射沒有一丁點關係。（好啦，其實沒有這個研究XD）

為什麼大家那麼關心身邊的東西有沒有輻射呢？因為一般人聽到「輻射」，立刻會聯想到的不外乎就是「畸形兒」、「癌症」、「原子彈爆炸」之類的東西，很容易建立起一種虛妄的三段論證：輻射對人體不好 → 這東西有輻射 → 所以這東西對人體不好。

但是，事實到底如何？

先不管低劑量輻射對人體到底有多少影響，你聽過「非游離輻射」（non-ionizing radiation）嗎？我們常在

▲ 非游離輻射

▲ 游離輻射

報章媒體上看到的、已知可能會危害人體的輻射，稱為「游離輻射」（ionizing radiation），例如：X射線、阿伐射線（α射線）、貝他射線（β射線）、加馬射線（γ射線）和各式各樣沒聽過的射線。所謂的「游離」是指高能量電磁輻射或粒子穿透人體時，從人體內的原子中擠出電子，這時你身上的原子就不穩定啦，接著就可能會產生一些像是DNA斷裂的生物效應。DNA是一種成對的雙股螺旋鏈，如果只斷了一條，身體可以很輕鬆地修補回來，但如果成對的兩端同時斷裂，細胞就沒辦法正常複製，然後可能會自殺、變態，或是成為癌細胞這個『豬隊友』，讓民眾聞之色變，避之唯恐不及。

☢ 非游離輻射沒有劑量問題

反觀其他慈眉善目、個性溫和的「非游離輻射」因為太低能（我的意思是能量太低），所以沒辦法達到這種效果，因此，我們前面所說的「劑量」概念只能應用在游離輻射上。為什麼會這樣？因為游離輻射穿透人體時會在你身上「做某件事」，這個「某件事」在你身上

產生的效果是會殘留的（請注意，不是「輻射殘留」，而是「效果殘留」），這有點類似服用藥物「攝取某樣東西」的概念。非游離輻射由於能量太低，穿透人體後「揮一揮衣袖不帶走一顆電子」，既然沒有任何傷害DNA的效果殘留在體內，當然也就沒有所謂劑量的問題了。

不過，雖然非游離輻射不會產生游離（這句話真的很像廢話），但還是有一些潛在的危險，比方某些低能量的電磁波會在體內產生感應電流、刺激神經，或是對身體的水分子共振產生加熱的效果等，因為這些效應都可能讓人產生不舒服的感覺，在非常極端的嚴重情況下，甚至可能會把人煮熟，所以實務上，世界各國都有特定的法規限制一般電器產品可能會產生的非游離輻射量，讓我們在使用的過程中可以安心無虞。另外，在可見光與X光之間，還夾了一個腳踏兩條船的傢伙叫做「紫外線」，我們到後面再來好好說明這個怪咖。

我想現在你應該能了解所謂的液晶電視、吹風機、微波爐、手機的確會發出「輻射」，但都只能發出對人體影響非常有限的「非游離輻射」；不過你可能不知道，

很多人的住家當中都存放著放射性物質，沒錯，是真真實實會發出游離輻射的放射性物質，但這絕對不是因為他們擁核，所以把核廢料放家裡，而是他們使用了居家消防用煙霧偵檢器，此話一出，兩千萬人都驚呆了。

　　煙霧偵檢器的原理是藉由放射性物質發出的帶電粒子對空氣產生游離作用，使偵檢器內的空氣具有導電性，平常沒事的時候，偵檢器的電流當然很穩定，要是忽然有煙霧飄進偵檢器，和裡面的空氣混合，會使得原本穩定的電流產生變化，此時裝置偵測到這個變化，警報就會開始ㄅㄧㄅㄧ作響……非常科學的設計啊！但是家裡竟有放射性核種（radionuclide）聽起來讓人心裡毛毛的，不過大家不用太擔心，根據美國國家核能管制委員會2001年的研究顯示，一戶裝設兩組煙霧偵檢器的家庭，每個人一年接收的輻射劑量不到0.00002毫西弗，如果硬要換算成癌症風險的話，大約是增加0.000000096％，我想低於十億分之一的風險，應該很少人會覺得是風險。

　　所以說，老是問「有沒有輻射？」這個問題，其實是無效的，因為關鍵在於「是哪一種輻射？」以及「劑

量是多少？」不會發生的事情不會因為自己腦補（「腦內補完」的簡稱，通常是指漫畫中希望、但沒有發生的情節，讀者自行在腦內幻想補充完成）而發生，會發生的事情也不會因為自我安慰而不發生，不管你是想用WIFI加熱關東煮還是用眼神殺死蚊子，做不到就是做不到，就算李登輝也做不到。

西弗 / 毫西弗 / 微西弗 / 奈西弗

這裡幫大家複習一下科學單位的表示法：
毫（mili, 表記「m」）　=1/1,000
微（micro, 表記「μ」）=1/1,000,000
奈（nano，表記「n」）=1/1000,000,000
例如：　1 西弗（Sv）=1,000 毫西弗（mSv）
　　　　　　　　　　　=1,000,0 00 微西弗（μSv）
　　　　　　　　　　　=1,000,000,000 奈西弗（nSv）

> **「游離輻射」**可能會破壞 DNA、危害身體，才是我們要嚴加留意的壞小子。

02

輻射劑量是什麼？
可以吃嗎？

大家很怕輻射，主要是認為被輻射照到會得癌症、會死，不過在現實生活中，很多很可怕的東西我們好像都不太關心，像是喝水會死、吸氧氣會死、吃餅也會死⋯⋯咦？真的會死嗎？很少聽過有人喝水、呼吸、吃餅致死的啊！是啊，因為我偷偷把「過量」兩個字給藏起來了。

☢ 關鍵在「劑量」

　　每次有人問我：「輻射是不是很可怕？」我都會說：「關鍵在『劑量』。」當然這東西也不是我發明的，大約在十六世紀，瑞士醫師巴拉賽爾士（Paracelsus）就曾經說過：「所有的物質都是毒物，沒有一種不是毒物。只要劑量正確，就可以把毒物變成仙丹。」

　　雖然我強烈認為這是當時為了宣傳效果所發明的廣告台詞，不過就現代毒物科學的觀念而言，卻是一致的，換言之，「○○○吃了會不會中毒」通常取決於劑量，重點是你吃了多少，有了這個概念，對於輻射劑量的理解就通體舒暢了！

　　所謂「劑量」的概念其實是來自於藥理學。在藥理學裡，「劑量」的單位就是重量單位（例如：毫克、微克），給你多少的劑量就代表給你多少重量的藥物。一般來說，藥物劑量給定的標準和年齡、體質有關，在藥理學裡的「劑量」是指「給了多少」。輻射劑量的內涵恰好相反，並不是指客體給了多少，而是指主體「吃了多少」。舉例來說，今天你去麥當勞買了一份六塊麥克

雞塊，因為小鳥胃吃了四塊就吃不下了，剩下兩塊只好資源回收，拿去照顧豬仔發育。在這種情況下，以藥理學的角度，劑量為六塊，但是以輻射劑量學的角度卻是四塊。

輻射劑量的單位有一大堆，而且都是古人的名字，一般人經常有看沒有懂，以前在醫院工作的時候，常有

戈雷（Gy）與西弗（Sv）

這兩個單位用來用去經常讓人昏頭轉向，不知道哪個應該用在哪裡。簡單地說，「戈雷」主要是用在「單一器官」上，對特定標的做劑量評估的時候會使用；「西弗」主要是用在「全身性綜合評估」上，因此當我們想做整體性癌症風險評估時西弗比較好用。在資訊充足的情況下，這兩者是可以互換的，不過大家還是要搞清楚這兩個單位在意涵上的差異。

病人打電話來問：「我那天做了某某某檢查，劑量是多少？」雖然只要有足夠的資訊，我當然可以很輕易地說出一個劑量的數字，但是很懷疑沒有讀過輻射劑量知識的民眾要如何解讀這些數字。

事實上輻射劑量的表示方式有很多種，依照不同場合、配合不同需求，我們會使用不同的單位，即使是科班生，能夠完全清楚搞懂的人也是令人讚嘆的！

那我們就從基礎的開始吧！最基本的「劑量」稱為「吸收劑量」（absorbed dose），就像剛剛提到的，輻射劑量學裡的劑量是指「吃了多少」，所以劑量當然是「吸收劑量」，1戈雷（Gy）＝1焦耳（J）／公斤（kg），就是每公斤物質因游離輻射照射所吸收的能量。

「戈雷」這個單位是紀念放射科學大師戈雷（Louis Harold Gray）而定的，他和布拉格博士（William Henry Bragg）共同提出的「布拉格—戈雷空腔理論」（Bragg-Gray cavity theory）是近代放射線測量的基礎，在放射科學的歷史上扮演了非常重要的角色。

戈雷這個單位代表「在單位質量的組織裡吸收了多少

能量」，非常淺顯易懂；不過好像在報章媒體裡很少聽過這個單位，我們經常聽到的輻射劑量單位是一種叫做「西弗」的東西，這當然又是出自另一位非常著名、但我們都不太關心的放射線科學家西弗（Rolf Maximilian Sievert）的名字，可做為「等價劑量」（equivalent dose）與「有效劑量」（effective dose）兩種物理量的單位。

所謂的「等價劑量」，是指吸收劑量（單位是戈雷）乘上輻射加權因數（radiation weighting factor）的量值（單位就變成了西弗）。因為不同類別的放射線對於細胞的傷害程度不同，一般來說，我們將 X 射線、加馬射線、電子輻射訂為 1，其他種類的放射線則是其倍數，好比說質子是 5、阿伐射線是 20 等。而「有效劑量」則是將等價劑量乘上組織加權因數（tissue weighting factor）的量值（單位還是西弗），因為不同組織對放射線的敏感程度不同，概念上如果我們把全身的組織當成一塊大餅，敏感加權因數的總和是 1，那麼性腺這種充滿原生細胞的器官的加權因數比較大是 0.2，紅骨髓或肺臟較不敏感是 0.12，甲狀腺又再差一點是 0.05。

☢ 從有效劑量推算罹癌風險

有了有效劑量，就能從曝露的劑量來推算一個人因輻射而增加的整體癌症風險。不過它什麼都好，唯獨有一個最大的缺點，就是很難測量，因為很少人會在做檢查的過程中，自願在每個器官上各插一根輻射偵檢器，更

加權因數

2007 年「國際輻射防護委員會」（International Commission on Radiological Protection, ICRP）發布的第 103 號報告書將一些加權因數做了修正，例如：組織加權因數方面，性腺改為 0.08、紅骨髓改為 0.12、甲狀腺改為 0.04；輻射加權因數方面，質子改為 2。本書引用第 60 號報告書的內容，主要是因為原能會目前的法規是依照這份報告書所訂定的。

何況真的插了也很難測量到精準的組織劑量（因為器官裡的組織並不是均值的），真是賠了夫人又折兵。既然劑量很難測量，我們評估劑量出來的結果都是錯的，那幹嘛還要評估？其實有時候知道一下「大概」也是很重要的，我們可以在理解誤差範圍的前提下，藉由風險評估權衡一些診療方法的決策，這在臨床上也是很有實質

計算罹癌風險

問：如果在距離福島第一核電廠周圍測到的劑量率是每小時 18 微西弗，請問待在測量點一整年不動所造成的癌症風險有多大？（假設人體是均質，並忽略放射線衰減）

答：年劑量 =18 微西弗 / 小時 ×24 小時 / 天 ×365 天 =157680 微西弗 =157.68 毫西弗 =0.15768 西弗

風險增加：0.15768 西弗 ×4.8％ / 西弗 = 0.7569％

幫助的。至於癌症風險的評估，根據「國際輻射防護委員會」第60號報告書指出，每1西弗的有效劑量將會產生4.8％的癌症風險（或是每100毫西弗0.48％的癌症風險），這個數字請大家先放在心上，待會我們還會用到。讀完這一大段，大家可能已經開始覺得暈眩，請翻回前一頁，大家一起來計算罹癌風險，振作一下精神，繼續看下去。

問題來了，在前一頁「計算罹癌風險」案例中，年劑量157.68毫西弗真的會增加0.76％的癌症風險嗎？答案是：不知道。目前在地表上背景輻射（background radiation）最高的地方是伊朗的拉姆薩（Ramsar），年背景輻射約為260毫西弗，但是從來沒有觀察到當地居民的癌症風險和其他地區的人相比有顯著差異，也就是說，就算我們請一千個人住在福島災區一整年，也未必能觀察到這「理論上會增加的」0.76％癌症風險。

有些人可能會不服氣地問：「如果真如你說的那麼安全，那為何當地的工作人員還要穿防護衣？」嗯，其實真正的原因是：如果他們不穿的話，就、違、法、了。至於這個「法」是怎麼訂的，我後面會再說分明。

總之，輻射劑量的概念，主要是讓我們可從數值中理解放射線對生物體的影響，在某些情況下可以用儀器測量，但是在實務上，評估低劑量輻射的風險是非常困難的，截至今天為止，學界還沒有一個明確的定論，幸好我們都知道低於100毫西弗的劑量對人體並無明顯危害，所以雖然沒有定論，我們還是可以十分安心的生活，不必為了幾乎不存在的風險寢食難安。

> 66
> **無論哪種東西，只要過量，都是毒物。**
> 99

罹癌機率、罹癌率、罹癌風險

這三個名詞在概念上很像，但其實不盡相同，所以我們在解讀的時候要非常小心。我只好又要拿出擲骰子的例子來解釋了：

• **罹癌機率**：本質上、先天存在的罹癌可能性。以一顆方正無私的六面骰子來說，每擲一次出現特定點數的機率就是六分之一，換言之，這六分之一的機率是本質上的客觀事實。

• **罹癌率**：實際統計罹癌人口與總人口之間的比例。就像我們實際擲骰子六十次，雖然依照「機率」可以預期六個面出現的次數應該相當，但實驗結果通常不會得到完美的 1：1：1：1：1：1，理想上樣本無限大的情況下，罹癌率會近似罹癌機率。

•**罹癌風險**：某項因素（比如說輻射曝露）介入之後，使得預期的與實際觀察到的罹癌率產生之差異。就好比說你把骰子其中一面的洞洞填滿，讓它變得比較重，導致他對側的那一面出現機率大增，比原本預期的「六分之一」還要高，這高出的部分就是增加的「風險」。

03

輻射到底
有多可怕？

　　記得我剛確定錄取放射科學系時，很多親朋好友就開始關心我的生育能力。在他們的心目中，只要有輻射，不就等於準備絕後了？甚至有人還推薦我去某某名醫那邊先存好幾杯新鮮、無汙染的精液以備不時之需。當時我還只是個未經人事的青澀少年，要立刻做出這種決定當然有一定的困難度……所幸當時沒做出傻事，否則現

在的我一定會覺得自己蠢斃了。

　　一般來說，我們會把放射線的生物效應分為兩類：「確定效應」（deterministic effect）與「機率效應」（stochastic effect）。如果光從字面上來看還是無法理解的話，真的不能怪我，畢竟身為學者，當然要用一些只有自己看得懂的名詞來拉開和門外漢之間的距離，這就是為什麼大學收那麼高學費的原因（大誤，以上純屬自我吐槽的玩笑啦^_^）。

☢「閾值劑量」決定必死門檻

　　我想，先別提輻射了，你聽過：「十三叔，我的肚子還有一點餓嗎？」吧？（出自周星馳電影《九品芝麻官》）所謂的「確定效應」的意思就是說，假設正常人的胃都是一樣大的，硬塞五十塊大餅會脹死，依照確定效應的遊戲規則，這時候只吃四十九塊就一定不會死，不過要是不小心再多吃一塊就一定會脹死，而且吃超過愈多，死相會愈難看。「閾值」就是門檻，而這裡的「五十塊大餅」就是所謂的「閾值劑量」（threshold dose），它決定了必死的門檻。而所謂的「機率效應」就是只要你吃了餅就可能會被噎死，餅吃得愈多，噎死的機率愈高，但不管你是怎麼噎死的，死相都一樣，所以如果不想被噎死，就千萬別吃餅，不管你的肚子是不是還有點餓。這兩者之間可以說是獨立的兩種效應，也就是說，當你一次吃六十塊餅時，不僅可以確定吃完一定會脹死，還有非常高的機率在吃的過程中被噎死。

嗯，不過理論上雖然是這樣的，但是在真實世界中卻不是如此。

閾值劑量是非常難定義的，因為每個人的體質不同，有些人是「哎呀，人家吃不下啦」的小鳥胃，有些人和《九品芝麻官》當中的有為一樣吃了五十塊餅肚子還有點餓，所以說，每個人都有自己獨特的「閾值劑量」，所謂的「五十塊大餅是脹死的閾值劑量」可能只是一個大群體的中位數或平均值罷了。此外，吃少量的餅，絕大部分情況下都不會有人噎死，如果我們把這樣的數據拿去和沒吃餅的人做大規模的流行病學統計分析，很可能根本看不出吃不吃餅和噎死有什麼關係，也就是說，也許必須要吃到某種上氣不接下氣的程度時，發生噎死

　的情況才會開始較為明顯。因此，雖然我們不能排除吃一塊餅也有噎死人的可能性，但是在一般的情況下，去考慮只吃一塊餅就會被噎死的狀況根本是浪費大家寶貴的時間。

　回過頭來看看輻射的生物效應，由過去數十年的科學證據顯示，如果要產生確定效應單一器官所需的被曝量至少要大於100毫戈雷，而機率效應在100毫西弗以下不僅看不出臨床意義，還有許多動物實驗顯示受到低

確定效應的閾值劑量

器官	影響	閾值劑量 (mGy)
睪丸	暫時不孕	150
	永久不孕	3500 ～ 6000
卵巢	暫時不孕	650 ～ 1500
	永久不孕	2500 ～ 6000
水晶體	白內障	5000
	水晶體混濁	500 ～ 2000
骨髓	造血機能低下	500
胎兒	畸形、發育異常	100

劑量曝露的小動物的癌症風險反而降低了，若要用一個簡單的口訣記住，就是「低於一百不會死」，所以說一般單次的健康檢查所接受的輻射曝露對人體的傷害可說是微乎其微，相對的，這些檢查所提供的診斷資訊卻可能幫助醫師在第一時間發現病因、提出有效的治療方法，這就是所謂的 Z ＞ B（利大於弊）。

好吧，相信應該有一些人是所謂的「線性無閾假說」（Linear Non-Threshold model，簡稱LNT）的死忠粉絲，所以我還是稍微先談一下這個東西好了。「線性無閾假說」在輻射生物學上是一個對生性嚴謹、一絲不苟

的人說服力十足的假設，因為我們沒有理由相信當輻射通過你的身體時，沒有擊中任何一根DNA，因此，假如我們很保守地思考這件事情，那麼只要有一根DNA被擊中了，它就存在癌病變的風險，非常合情合理。

在這個概念之下，依據國際輻射防護委員會第60報告書的資料，當一個人遭受100毫西弗的輻射劑量曝露時，他的罹癌機率將會比沒接受過曝露的人高出0.24％，哇！聽起來多可觀啊！假設有十萬個人同時被100毫西弗的劑量曝露，其中就會有二百四十人因此得到癌症啊！你還說這不恐怖？

好吧，你為什麼會覺得恐怖？很可能是因為你並不知道地球人的一生的罹癌風險大約是50％，換句話說，這十萬人就算什麼事也不幹，也有五萬人會得到癌症，更糟糕的是，我們根本無法分辨出這五萬人和那二百四十人的名單有沒有重疊，這就是為何低劑量沒有「臨床意義」的原因。

記得以前念大學的時候，我們當然都很怕癌症，大家都對所謂的食療養身、防癌非常有興趣，結果老師對我們說：「不管你吃什麼都會得癌症啦！反正得了再治

就好了。」語畢哄堂大笑，不過現在想想，真是金玉良言啊！在現代醫學的發展之下，癌症幾乎不能算是絕症了，重要的是定期健康檢查，只要早期診斷、早期治療，多半都能有很好的預後（prognosis，推估病人未來可能的結果）。

　　總而言之，根據現有的科學證據，有效劑量低於100毫西弗的輻射曝露是完全不需要在意的，但是單一器官接受高於100毫戈雷時就要開始密切注意了，所謂小心駛得萬年船，但是把未雨綢繆搞成杞人憂天就太超過了。

❝
單一器官高於 100 毫戈雷的輻射曝露，才需要密切注意。
❞

風險評估

輻射風險評估的模式主要有兩種，一種叫做「相加模型」，另一種叫做「相乘模型」。國際輻射防護委員會在 1977 年發布的第 26 號報告使用的是相加模型，給定成人癌症風險因子是 1.25％/西弗，爾後 1991 年發布的第 60 號報告則改用相乘模型，給訂的成人癌症風險因子為 4.8％/西弗。乍看之下會以為經過十四年，人的風險飆高三到四倍，其實是模型差異造成的。

以終身罹癌機率 50％為基礎來計算，若一個人曝露了 0.1 西弗的游離輻射，以第 26 號報告得到的罹患率是 50％+1.25％/西弗 ×0.1 西弗 =50.125％；若以第 60 號報告的方式計算的話，則是 50％ ×（1+4.8％/西弗 ×0.1 西弗）=50.24％，實質增加了 0.24％，略高於第 26 號報告的計算方式，但量級是相當的。

本書的罹癌風險評估主要以第 60 號報告提供的成人癌症風險因子「4.8％/西弗」配合「相乘模式」計算風險。

04

輻射劑量
「超標」就會死？

前一陣子有很多食安問題，像是食品添加物超標、輻射超標、空氣汙染超標……你所能想到可以超的標都超了，這時候少不了的就是「震怒」、「痛批」、「恐致癌」之類的戲劇性字眼。在林林總總的食安問題中，也曾發生日本食品進口的問題，電視上某位「良心立委」揭露某些食品進口商偽造（或是未標示清楚）食品

生產地，導致福島災區食品流入市面，民眾食毒而不自知，左批政府管制不嚴，右批進口商黑心無良，最後眼角帶點憤怒、混著悲天憫人的淚水高喊「不信公義喚不回」，呼籲民眾一定要一起抵制黑心、支持良心（的立委，就是我本人）。通常民眾看到這種場景都會覺得非常感動，沒想到在這個亂世中，居然有一位出淤泥而不染的良心政治家守護我們的健康……接著進入政治操作的層次這裡就不多談了。

☢「超標」的迷思

回歸到科學的問題，什麼是「超標」？政府是依據什麼訂定標準？超標就會死嗎？如果連這些都沒搞清楚，我們根本無法了解現在的法規究竟是「視民如親」，還是「作繭自縛」。

《游離輻射防護安全標準》對於輻射場所工作人員的規定（每連續五年週期之有效劑量不得超過100毫西弗，且任何單一年內之有效劑量不得超過50毫西弗。）原

則上是參考1990年國際輻射防護委員會發布的第60號報告書所制定的，細讀一下會發現，輻射工作者的年度劑量容許值是一般民眾（有效劑量不得超過1毫西弗）的五十倍，難道說有受過輻射專業訓練的人體質比較好，比一般人更耐輻射曝露嗎？

首先要思考輻射工作者的規定是哪來的？我們都知道，所有的工作都有死亡的風險，不管你是開計程車、打籃球，還是當總統，都有「因工殉職」的可能性（機率大小是另一回事），當然，擔任輻射工作人員也可能會因為工作而死亡，因此國際輻射防護委員會所建議的劑量限值是參考一般性工作的職災身故機率，然後將輻射限值設定在風險相當的劑量值。如果輻射工作者在這樣的限制之下，最壞的情況也就和其他的工作差不多而已，事實上這可說是一條「極度安全的線」，因為我們現在都非常清楚，在短時間內接受低於100毫西弗輻射曝露的人身上幾乎看不到任何的生物效應，如果低於50毫西弗當然也是看不到，更別提從來沒有人在年劑量260毫西弗的伊朗拉姆薩觀察到居民有任何異常的生物效應了。

單次曝露劑量與累積劑量

目前我們手中的輻射劑量與生物效應的資訊來自於廣島、長崎原爆，而原爆造成的輻射曝露是非常短時間之內所發生的，因此有一個問題一直困擾著我們，那就是：「雖然短時間之內曝露 100 毫西弗以下，並沒有顯著性風險，但是長時間累積到 100 毫西弗以上的話，會不會有相當於短時間曝露的風險？」世界衛生組織底下的國際癌症研究機構（International Agency for Research on Cancer, IARC）在 2015 年引述他們發表在英國醫學期刊、針對核電廠工作人員的三十年追蹤研究指出，雖然長期累積劑量低於 100 毫西弗的劑量仍無顯著性，然而我們仍需要注意累積劑量可能產生與短時間曝露類似的癌症風險。事實上 IARC 的這份研究報告爭議很大，因為從資料中顯示，即使是在累積高劑量的群體中，信心區間都不及一般公認的 95％。不論如何，至少從這個研究當中知道，不論是短時間或累積曝露，低於 100 毫西弗的劑量都不具臨床意義。

這個月又超標！
偶屎定了。

說到這裡就不得不提日本發生的一件職災申訴案例。有一名東京電力公司雇員曾經在東日本大震災後於福島第一核電廠的三、四號機周邊（發生事故的是一號機）以及玄海核電廠擔任作業員，不料離職後經醫師診斷罹患急性骨髓性白血病，於是他就向政府提起職災申訴。日本的勞動標準監督署（類似我們的勞動部）展開一連串的調查後，最終認定這是一個「職災事件」。國內一些媒體就以「日本政府終於承認福島核災輻射致癌」做為標題報導這件事情。我當時看到這個報導標題的第一個反應就是：「劑量是多少？」於是我查了日本媒體的報導，發現該作業員在兩年間職場生涯所接受到的輻射曝露不到20毫西弗，然而在學理上要在短時間內接受高達500毫西弗的曝露才有可能導致急性白血病，難道這位作業員打破科學知識之壁了嗎？

　　當然不是。真相是「日本政府並沒有承認福島核災輻射致癌」，日本在1976年訂定了一個「放射線業務勞災的規則」，只要符合（1）一年被曝露5毫西弗以上，（2）在工作時被曝露後超過一年以上患病，（3）排除其他除了放射線以外的患病理由，可以被認可為勞災。因此日本厚生省（類似我們的衛福部）真正在記者會上

所說的是：「這次的認定『並不是』從科學證明被曝與健康影響的關係，一年5毫西弗以上的曝露也不是白血病發病的門檻，以保險精神的角度而言，並沒有任何需要補償的地方，然而1976年訂定的規則是依照一般民眾年曝露限值5毫西弗而決定的。」也就是說，這個認定純粹是跟著法令走，並不是什麼科學新發現。

從這些事件裡，我們會發現一件事情，那就是法規通常都是比較嚴格的，甚至有時候並沒有什麼科學道理可言，因為我們通常希望防範始於未然，所以會把「那條線」訂在「絕對不會發生意外」的範圍內，這樣才能讓我們不小心越過那條線時還有補救的空間。當我們讀到一則輻射相關報導時，一定要有立刻有「劑量是多少？」的敏感度，不然會很容易陷入「超標恐○○」的迷思，然後就被那些靠煽動帶風向的人給騙了。

"

「超標」不等於危害，關鍵在劑量。

"

05

什麼是
「線性假說」？

對於輻射有疑慮的人，通常過不到三招就會搬出「線性假說」了，彷彿是明朝崇禎皇帝御賜的尚方寶劍一樣，上斬昏君、下斬讒臣。事實上，線性假說好用是好用，但是經常讓一般人產生誤解，有時甚至是相關領域內的專業人士也搞不清楚適用範圍，所以就讓我們再多了解一下線性假說到底是怎麼回事。

從劑量到風險評估

對於風險評估，很多人可能會有很多迷思，像是「如果增加1％的風險，就等於如果我做這件事情一百次，當中就會有一次中獎。」但事實上，事情並不是依照這樣的法則而發生的。它牽扯到好幾個層面：首先，這些被科學家討論訂定出來的參數，多半是基於一些假設，好比體型、壽命、生活習慣等，都是以一個「平均而言的標準普通人」來設定，但是先不提別的，首先你和你的爸媽就長得不一樣了，你們接受相同放射源曝露的狀況也不可能一模一樣，當然劑量也不可能完全相同，因此利用科學報告評估出來的風險，並不能被視為「精算的個人風險」，而是在群體觀察上的預期結果。

此外，風險反應的是機率，我們可以「預估」但是不能「預言」，即便排除一些干擾因子，我們也幾乎不可能直接從風險評估中完全猜中實際的情況（因為機率不等於發生率），風險評估真正該扮演的角色，是要讓我們判斷相對的利弊得失，而不是數人頭啊！

☢ 放射線怎樣致癌？

　　我們先來複習一下放射線是怎樣致癌的好了。當人體被放射線曝照以後，放射線進入人體會發生一連串我無法用五十個字以內解釋清楚的效應破壞DNA，這時候有兩種可能性，一個是修復，一個是突變。細胞突變後絕大部分會死亡，剩下的才會產生某些病態的生物效應，這些生物效應的其中之一就是致癌。在輻射生物學中的基本想法就是：「我們沒有理由相信任何一個放射線通過生物體時，完全不會破壞任何一條DNA。」

　　因此輻射生物學家建立了一個非常有名的假說，叫做「線性無閾模型」，這個假說告訴我們：輻射造成的「機率效應」（如癌症之類的疾病）並沒有低限的劑量，而且劑量與增加的風險成正比。當代的各種輻射防護，多半是基於這樣的假設來做風險評估與劑量限值設定的。

　　「線性無閾假說」雖然是一個容易理解、而且應用方便的假設，然而，在真實世界裡，流行病學家不能僅用這樣的「假設」來綜觀世界，必須要進行統計分析。這

個模型基本上是以廣島、長崎原爆倖存者的資料做為基礎建立的。我們在統計資料中發現，當輻射劑量曝露超過125毫西弗以上時，會看到癌症風險有近似線性增加的趨勢。依據國際輻射防護委員會第60號報告的資料，每100毫西弗約增加 0.48％的機率；然而在累積劑量低於100毫西弗的群體中，至今仍無法證實癌症機率與劑量之間的確切相關性，事實上，一般人的終身癌症機率大約是50％，也就是兩個人當中就有一個人至少會得一次癌症（不管之後是否治癒），因此低於1％的風險增加是沒有臨床意義的。

很多外行人經常犯的錯誤，就是直接把「評估」當作事實，也就是直接拿任意的劑量乘上「4.8％／西弗」，然後告訴大家現在有多少人因為邪惡的輻射而死，因為很多人無法分辨「評估」與「統計」之間的差異，所謂的評估是「預測未來」，而統計是「檢討過去」。

好比說，假設有某一種怪病叫做「人類鯛民化不全症候群」（雖然這個病名聽起來很真實，但真的是我虛構的），主要是吃太多懶人包導致鯛民病原蟲寄生所引發的各種併發症的統稱，包括看新聞時，只看標題就高

潮，以及被打臉後就跳針等症狀。根據統計，這種病在台灣地區患病的比例是9.2％，現在的問題是，這個數據是怎麼來的？理想上我們要把台灣人全部抓出來做一次「鯛民病原蟲篩檢」，然後把發現鯛民病原蟲檢體的

顯著性

所謂的「顯著性」（significance）是在統計學上經常用到的詞。我們在做科學研究的時候，並不是每次都能確定（而且是幾乎每次都不能）自己提出的理論與真實世界的狀況完全吻合，然而最終我們仍必須對結果做評價，所以我們可以藉由一些統計方法對資料做檢定，並且訂定一個主觀標準，當然，如果每個人的標準都不一樣會很麻煩，因此科學界還是有一些公認的標準。所謂的「顯著」在客觀上就是「對於『評價研究結果』這檔事，滿足了某種公認的最低標準」。

受試者數目除以總人口數，才能得到非常精確的患病率統計（實務上會用隨機取樣的方式）。

得到這個統計之後，我們就能夠評估未來每十萬個新生兒將有九千兩百位「人類鯛民化不全症候群」患者；然而，這樣的「評估」未必是精確的，因為也許這本書大賣之後，民眾的科學素養大幅提升，鯛民病原蟲難以寄生，患病率大幅下降，因此「評估」的結果和「統計」的結果未必是一致的。

☢ 累積劑量低於100毫西弗大可放心

就如同剛剛所說的，累積劑量低於100毫西弗的狀況下沒有臨床意義，不管你算出的是0.001％、0.01％還是0.1％都是沒意義的，因為統計上看不到顯著性，這意味著我們無法在科學上分辨出輻射對身體傷害的效果在哪裡，所以每次只要聽到哪篇報導提到「證實某某事件輻射導致誰誰誰癌症」，我會第一件事情就是去檢查的劑量是多少，沒寫劑量的，直接當垃圾；劑量低於100毫西弗的，直接當垃圾；劑量高於100毫西弗的，

再來仔細瞧瞧他的資料了。近幾年，學界對於低劑量輻射的生物效應不再那麼保守，多是主張「應忽略其效應」，因為「理論是一回事，實務是另一回事」。

我們在應用的層面上，線性假說是一個很好的「輻射防護」指標，因為各種法規都必須明確地訂定一個「標準」，我們不可能在法律訂到100毫西弗以下的時候就忽然停下來不動，或是在條文上寫「我們不知道等一下會發生什麼事」，因此線性假說提供了一個可依賴的標準。然而，這並不代表線性假說可以明確告訴我們低劑量輻射的風險，甚至在一些研究當中對於低劑量輻射還抱持正面的態度（請見本書〈溫泉居然也有放射性！〉）。輻射會不會產生顯著傷害並不是一個YES或NO的問題，關鍵一直都是取決於「劑量」，不論是確定效應或是機率效應，我們都必須先理解劑量，才能預測曝露之後可能會發生的事情。

"

低劑量輻射的機率效應沒有臨床意義。

"

Part II

X光、
磁振造影，
免驚！

06

醫師怎麼決定
要不要做
放射線診療？

隨著放射線診療技術的高度發展，過去很多看不到、看不懂和不能診斷的疑難雜症，忽然好像開了天眼，都能用 X 光或其他醫學造影技術看到、看懂並進行診斷了。由於健保有給付，現在到醫院照 X 光外加專業診斷報告的費用，比去迪士尼樂園拍紀念照還便宜，以我們買菜送蔥的民族性，如果看診沒開個藥、抽個血、排個

檢查，好像就覺得醫師不夠視病如親、苦民所苦，這麼好的檢查，能不做嗎？

☢ 放射線檢查不是萬靈丹

一般來說，X光檢查只是一種協助診斷的技術，但我在醫院工作時，曾親眼見過仿若神蹟般的超自然案例：有病人說他肩膀痛，經診察後醫師開出一個肩關節的X光檢查，沒想到做完「檢查」後，疼痛就不藥而癒，儼然成了「低劑量放射線治療」，這其中的學理至今我依然百思莫解。

從美國國家級的研究統計顯示，一般人每年在醫院所接受的醫療輻射曝露的輻射劑量，差不多相當於全世界平均背景輻射值（平均每人約2.4毫西弗/年）。X光檢查方便、快速、C/P值（Cost-Performance ratio，性價比）高，通常是影像診斷的首選，衍生的問題就是：到底在什麼情況下才應該使用放射線診療？雖然我們都知道，醫療輻射的最高指導原則就是「利大於弊」，不過其實這是一個非常模糊的概念，因為放射線在臨床上產

生的「利」與造成的「弊」未必能放在天平的兩端權衡。好比說，有些人覺得生命是人權之本，好死不如賴活，在嚥下最後一口氣之前絕不輕言放棄；也有人覺得賴活不如好死，情願在關鍵時刻被拔管，也不願躺著邊承受病魔折磨邊占床消耗醫療資源。由此可見，即便是珍貴的性命，也未必能做為評判利弊的標準。

記得念碩士時，我的研究主題是利用磁振造影（MRI）發展測量血流的技術，主要是應用在癌症診斷上，這個技術可以將人的生理狀況量化成數字，相關研究顯示血流的好壞可以預測癌症的治療效果，所以很可能是未來臨床診斷的重要工具。不過，事實上相似的技術在電腦斷層掃描方面已經非常成熟，這時教授就問了：「既然電腦斷層已經做得很好，為什麼還要用磁振造影做？」以我當時菜鳥的程度，立刻不假思索地回答：「因為磁振造影沒有（游離）輻射，不會增加癌症風險。」

這種彰顯自己程度很差的答案果然馬上就被噓了，教授說：「如果有一個人已經得了癌症，他還會擔心得癌症嗎？」真是一語驚醒夢中人，相對於做出精準診斷以便快速提供正確治療，相對來說，無法預測且微不足道

的風險，在臨床決策時就不是那麼被在意了。

　　說到這裡，可能就有人要抗議了：「要是放射線檢查真的那麼安全，為什麼不讓每個病人都去照張X光？」首先，放射線檢查雖然多半很安全，但還是有少部分可能會增加癌症風險，甚至造成急性生物效應，比如血管攝影這種輻射劑量相對高一點的檢查。不過就像前面所說的，通常要做這種檢查，幾乎都已面臨生死關頭，一般而言，很少人會選擇放生。其次，到底要不要開立放射線檢查，主要還是考量檢查的適應症，並不是說做個放射線檢查，就能透視人體、診斷出世界上所有的疾病，它還是有其極限的，如果明明知道這個檢查沒辦法看出半根毛、就算做了也是白做還硬要做，這就變成健保小偷了。

☢ 有病治病、無病健檢？

　　也有一些負面的例子，像是坊間有些令人嘖嘖稱奇的都市傳奇，訴說某某俠醫因體恤病人的身體健康，所以不輕易處方放射線檢查，堅持只用觸診來做診斷，任

何疑難雜症都逃不出他的神手，被奉為醫界良心。坦白說，我實在無法理解醫師讓不讓病人做放射線檢查，和良心之間有何關聯？如果你今天一早起來覺得牙痛難耐，到醫院就診時，醫師叫你去做視力檢查，你會覺得他很有良心嗎？雖然視力檢查是絕對百分百對身體無害的檢查，但是你會覺得這個醫生有病吧！對於臨床決斷而言，我們只在意這個檢查能否幫助醫師在當下對症下藥、解決眼前的問題，神之手真的經得起科學考驗嗎？這當中存在非常大的問號啊！很多的矛盾其實來自於無知，如果你不了解放射線，就不知道某項檢查對於身體的影響有多大，自然會產生投鼠忌器的顧慮。

　　當然，以目前國內健保吃到飽的體制下，「有病治病、無病健檢」成為許多民眾就醫的基本精神：「畢竟，我可是有繳健保費的啊！」我當然知道大家都繳了健保費，但是實務上，我們在醫院裡的任何一項檢查都必須針對症狀實施，否則醫師就會陷入瞎子摸象的窘境，判讀影像的結果也可能會變得非常模稜兩可，甚至失去臨床價值。如果沒有任何特定症狀或目標就隨意頭痛照頭、腳痛照腳，就算照到腦子燒壞了也沒用，因為會導致頭痛的理由很多，但那項理由未必可以用 X 光看

得出來，盲目地要求醫師處方放射線檢查是非常令人費解的。

有時病人氣急敗壞地走進診間，一坐下來就說：「我自己的身體我很清楚，我昨天已經估狗（Google）過了，這個病要做某某某檢查，不打顯影劑，現在網路很發達，你騙不了我的！」是啊，你自己的身體你很清楚，那麼你幹嘛到醫院來？不如馬上去買本九陽神功練個十年八載，再用內力自療，是不是更乾脆點？

> 檢查不是萬能的，決定診療方式的是病徵與檢查的適應症。

07

我一年可以
照幾次Ｘ光？

答案是：「無限多次。」

什麼？居然沒有任何限制！難道政府已經麻木沒神經、沒痛覺了嗎？輻射那麼恐怖，居然放任醫院無限制對病人照射Ｘ光，豈不是拿人民的生命開玩笑？

記得我小時候到醫院做檢查，因為前一個星期才去看

牙科，被照了全口X光，所以就地問了幫我做檢查的放射師有沒有影響……結果當然是被當成阿呆看待了，雖然當下感到非常不安，不過這個不安到最後也都不了了之。

每次提到輻射曝露，一定會有人提到一個被認為是輻射防護的最高指導原則，稱為「合理抑低」，英文是「As low as reasonably achievable」，因此也常被縮寫為ALARA。「合理抑低」的基本內涵有三個，就是：正當性、最適化、劑量限制。嗯，太多專有名詞，我知道大家又開始想睡了，請容許小弟在這邊為大家解說一下！

☢ 輻射防護的最高指導原則

「正當性」的意思是說你不能有事沒事就把放射線拿來胡鬧，好比說，你不能因為想要追一個女生，立志成為像金鋼狼一樣帥氣威猛而且會噴出爪子的男人，就跑去照X光，這就是不正當的行為，因為這是一場不公平的競爭，真是太下流、太不正當了！而且在真實世界的歷史中，還沒有一個人因為照了X光而變成金鋼狼，這

不僅投資報酬率趨近於零，而且極有可能在達到效果之前就已經因為輻射曝露過量而身亡，還沒懲罰到情敵就先害到自己了。不過，一般而言，我們不太需要關心正當性的問題，因為世界上有游離輻射防護法的國家，都已經把正當性的精神寫在法條裡面了，由法律來規定行為正不正當是最清楚的方式了。

「最適化」就是讓輻射在使用上的C/P值最高。好比做菜時要加鹽，如果完全不加，只吃原味，除了會引起小孩罷吃抗議以外，缺乏鈉離子也會使得生理恆定性失調，嚴重者會肌肉抽搐、神志不清、昏迷，甚至死

亡。如果每次都加過量的鹽，長期吃重鹹變成高血鈉症的話，也會肌肉抽搐、神志不清、昏迷，甚至死亡。可惡，好像不管怎樣加都會導致「肌肉抽搐、神志不清、昏迷，甚至死亡」，那該怎麼辦呢？

事實上，在原味和重鹹之間還是有很大的空間啊！別老是覺得這世界上的事情只有0和1的分別嘛！食物美味的祕訣不就在鹽的控制嗎？同樣的，在醫療上，如果輻射劑量給得太少，X光片的影像對比太差、雜訊太多，甚至每個雜點都長得和結石一樣大，根本不能拿來診斷；輻射劑量給太多，整張影像黑掉了，只能「報告學長，完全沒有畫面」，也是不能用來診斷的。那麼，臨床上該怎麼做才能達到最適化？這通常和臨床需求有關，實務上我們會以「產生具診斷價值的影像」為前提，將劑量調整到最低。

☢ 臨床上並不存在「劑量限制」

而「劑量限制」在臨床上是不存在的。為什麼醫療輻射沒有劑量限制呢？美國有個例子，一位有自殘癖的Z

小姐，每次自殘被送醫後就要接受Ｘ光檢查，十年間一共接受了超過四百次的放射線檢查，平均的年劑量和核電廠工作人員的法定上限差不多。但問題是，如果你是醫師，Ｚ小姐再次因為自殘而入院，你難道會拒絕幫她做第四百零一次的檢查嗎？好吧，你可能會說「夕鶴」（閩南語的「去死」），但是一般來說，醫師不能對病人說「夕鶴」啦！假使醫療輻射有劑量限制的話，那就是說每個人每年都會被配給固定次數的檢查量，要是超過了就不准接受檢查，哪怕你現在全身粉碎性骨折也不能照Ｘ光，因為你之前照過太多次了，想照的話等明年得到新的配額再說，那時候說不定也不需要照了，因為人已經都入土為安了。

　　思考醫療輻射該不該受限必須分為兩個層面來談：首先，並不是說我們今天以病人的身分去看醫師就不怕輻射盡量照，而是在多數情況下，醫用輻射所帶來的風險或傷害相對於診療效果而言，是微不足道的，除非你得了一種「照了Ｘ光就會死」的病。實務上多數放射性檢查的單次劑量都在十分安全的劑量範圍之內，不會發生確定效應，也不會造成顯著的癌症機率增加。在大部分的情況下，我們是秉持著愛鄉土、顧鄉親的精神為大家

ALARA 或 AHARA ？

輻射防護通常都主張 ALARA，但是在醫學物理師的社群裡，有時候我們會半搞笑地說：「放射影像劑量應該要 AHARA 而不是 ALARA。」也就是 As High As Reasonably Achievable，其實這也不是亂講的，因為對臨床診斷而言，在不過曝的前提下，劑量愈高，當然能夠提供更好的影像品質，有了優質的影像，才能提供更有信心的臨床診斷。所以理想上劑量當然是「盡可能愈高愈好」，不過在實務上我們會「以提供足夠診斷資訊的影像（AHARA）的前提下，將造影的輻射劑量調到最低（ALARA）」，說到底，ALARA 和 AHARA 只是不同角度的同一件事情啊！

進行診療的。其次，醫療輻射的實施如果受限，那麼我們極可能在關鍵時刻，因為不能進行診療而錯失拯救病人的機會。原則上醫用輻射是以信賴醫師專業判斷為前提，讓醫師決定是否要建議實施某種放射線診療，在這樣的模式之下，我們認為不定義劑量限值是合理可行的。

如果你期待所謂的「零風險增加」，那麼答案只有一個，就是「絕對不要接受任何放射線檢查」，但是很顯然那是不可能的，因為隨便哪個學校或是公司的健康檢查，都會請你去照胸腔 X 光，更別說你還沒出生就已經在母體內接受環境曝露了。相較於那些可能渺小到非常可憐、甚至無法以科學方法測量得到的風險，放射線檢查帶給受檢者的龐大臨床利益是更顯而易見的。也因此，在輻射防護領域奉為聖旨的「合理抑低」在醫療上並不完全適用，因為醫療輻射是沒有劑量限制的。

66
醫療輻射並沒有法定限制，端看臨床的利弊評估。
99

08

孕婦可以做
放射性檢查嗎？

　　某一年的小年夜，當我正想要享受長達一週的年假
時，手機突然響了，原來是一位病人在十二月時掛急
診，做了電腦斷層掃描，沒想到過年前，突然被診斷出
懷孕了，於是非常著急。我被call回醫院之後，就立刻
把病人的影像資料及攝影條件調出來，花一個工作天把
胎兒因為這項檢查而被曝露的劑量評估報告做出來，然

後送交急診室。事實上該位媽媽當時做的檢查並沒有掃描到子宮周圍，所以評估胎兒接受的劑量非常低，換成白話文就是「不用過於擔心」。

我在醫院工作的期間，曾經發過某位婦女接受 X 光檢查之後，發現照射的時候懷有身孕，這時候身為準媽媽當然是十分焦急，想知道這個檢查對小孩有多少影響，結果她問了三個婦產科醫師，一位說：「應該人工流產。」一位說：「劑量很低不會怎麼樣。」另一位說：「不知道，你自己決定。」基本上這三位醫師的答案囊括了關於這個問題的所有可能性，這位準媽媽當然是一頭霧水。

☢ 十日守則

臨床上有一個很著名的「十日守則」，意思是說，從月經剛到家門口的那天起算，十天之內排卵的機率非常低，所以我們可以盡情地做檢查，但是從第十一天開始，天天都是有排卵嫌疑的日子，那麼就要避免接受放射性檢查，以免受精卵被曝之後產生突變。以「絕對安

全」的角度而言，這個十日守則似乎非常合情合理，但是實務上卻有兩個明顯的問題（請大家先接受「十天之內絕對不會排卵」這項假設）：第一，如果第十一天之後到小孩出生之前，媽媽發生重大傷病時，要不要做放射線檢查？第二，如果真的做了放射線檢查，要不要墮胎？聽到這兩個問題，大家都嚇傻了。

懷孕期間曝露的生物效應

發生的影響	受精後期間（日）	閾值劑量（毫戈雷）	絕對風險（每毫戈雷）
死胎 / 流產	0 ～ 8	如果懷孕成功，表示沒受到輻射影響	
畸形	8 ～ 56	250	
發育遲緩	14 ～ 56	200	
精神發展遲緩	56 ～ 105	100	
智能不足	56 ～ 105	100	
小頭症	14 ～ 105		0.05%～ 0.1%
幼兒癌症	0 ～ 77		0.017%

要回答這兩個問題，必須先了解兩件事：第一，常規X光檢查的胎兒劑量是多少？第二，影響胎兒發育的劑量是多少？

根據國際輻射防護委員會第84報告書，其中引用了1998年英國普查的資料，結果顯示，單次的常規X光檢查造成的胎兒劑量平均上均小於2毫戈雷，最大也不超過10毫戈雷。根據這份報告，指出常規電腦斷層（CT）掃描的平均劑量除了骨盆腔檢查平均25毫戈雷（最高達到79毫戈雷）以外，均低於10毫戈雷，你看，距離100毫戈雷那條線遠得很啊！這表示，當檢查部位不在子宮附近的時候，胎兒受損的風險是非常低的。

你可能會覺得說：「雖然平均是25，但是最高值可能接近80啊！」沒錯！但是80到底危不危險？請繼續往下看！

☢ 懷孕被曝後可能會有的四種危險

國際輻射防護委員會第105號報告書告訴我們，胎兒

在懷孕期間被輻射曝露的話，可能會遇到四種危險：

(1) 致死的影響

這通常發生在胚胎著床期，也就是懷孕的第一週內左右，但是100毫戈雷以下的劑量很少產生致死的影響。另一方面，有時候在此時發生的流產連媽媽自己都不知道。

(2) 先天性異常

在器官形成期的時候（懷孕三到八週），接受放射線曝露可能會造成先天異常（畸形），但是至少要超過100毫戈雷才可能發生。

(3) 中樞神經系統

在懷孕的八到二十五週之間，胎兒的中樞神經系統會開始對放射線敏感。目前在臨床上，還沒有發現過低於100毫戈雷的胎兒劑量造成智能障礙的現象。但是如果劑量大於1000毫戈雷，則可能產生嚴重的智能障礙。這種影響通常在第八到十五週特別明顯，相對而言，在第十六週之後的影響較低。

(4)白血病與幼兒癌症

根據國際輻射防護委員會第84號報告書，在環境的背景輻射下，幼兒癌症的發生機率約為0.3％，如果胎兒在懷孕期間曝露100毫戈雷的劑量，白血病或癌症的風險才可能會提高到0.9％。事實上，依據廣島、長崎核爆倖存者的資料，在低於100毫戈雷的胎兒劑量下，

胎兒 X 光檢查輻射劑量

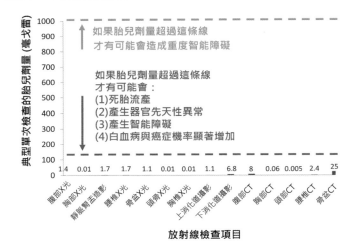

十日守則、十四日守則、二十八日守則

現在普遍在醫院奉為圭臬的「十日守則」，早期其實是「十四日守則」，是假設女性經期是二十八日的狀況下，第十四天就是預定排卵期，不過我們都知道女生排卵的時間個體差異是非常大的，所以實務應用上用平均值的十四天當然不是很合理，就調整成了十日守則。

隨著一些新的放射科學報告出爐，學界發覺十日守則很可能是過於嚴苛的，因為如果是在胚胎期被曝露，通常不是沒事就是會在無意識情況下流產，而器官形成期通常是在受孕後三到五週才開始，因此懷孕早期的曝露被認為和畸形無關，唯一的風險是死胎，但是也是得曝露超過 100 毫戈雷以上才有機會發生，所以國際原子能機構（International Atomic Energy Agency）現在建議將十日守則放寬到二十八日守則。

被照射的胎兒與一般胎兒在臨床上是沒有顯著差異的。

　　簡單說，只要不超過「100」毫戈雷，在臨床上和沒照射過X光的寶寶沒什麼差別。所以國際輻射防護委員會第84號報告書才建議：「低於100毫戈雷的胎兒劑量不應做為中止妊娠的理由。」

　　此外，美國的「國家輻射防護與測量委員會」在第54號報告書建議：「相對於其他可能影響妊娠的因素，小於或等於50毫戈雷的輻射劑量應該被忽略；畸胎的風險僅在大於150毫戈雷時才有顯著的增加。」一般單次的X光檢查的胎兒劑量根本就不會超過100毫戈雷，只有接受檢查的範圍在子宮、骨盆附近的X光檢查才需要特別留意、審慎評估。

　　換言之，懷孕期間「並非」完全不能進行X光檢查，若有臨床診斷需求時（例如懷孕期間意外發生車禍需要進行進一步的診療），我們還是可以在事前從文獻預估胎兒可能接受的輻射劑量，事後則可進行劑量評估，從中了解胎兒照射後產生的風險。

　　當然，長久以來，這涉及到一個非常弔詭的問題：

「你能保證我照了Ｘ光，小孩就不會畸形嗎？」我當然不能保證，因為就算你什麼都不做，從懷孕那天起就住在100％防輻射的房間裡，只吃有機農場生產的蔬菜，室內空氣全部經過負離子消毒殺菌、恆溫空調，寶寶也有3％的機率會畸形。

那你可能會追問：「可是照了Ｘ光，風險會增加呀！」記得我剛剛說的，低於100毫戈雷看不到風險的存在，也完全沒有任何確定效應發生的可能性，我能不能保證，這與放射線會不會造成影響根本是兩回事啊！就像是喝水過量也會死，但從來也沒聽說要禁止孕婦喝水，您說是吧！

" 絕大部分的放射性檢查，對胎兒的傷害都很有限。 "

真實世界裡的懷孕曝露

在職業曝露方面，游離輻射防護法有規範女性輻射工作人員的劑量限值。原則上在你報備懷孕之後，肚皮下的那個小傢伙就必須被視為「一般人」了，所以下腹部表面的等價劑量不能超過2毫西弗。另一方面，在臨床業務上，其實現在醫院對於女性病人都十分的謹慎，一般而言，若要進行放射性檢查，多數醫院會立刻拿一張寫得密密麻麻的同意書要求當事人閱讀並且簽字，並宣告本人沒有懷孕。如果當事人不確定、有疑慮，還會要求她先去驗孕，總之，為了避免不必要的糾紛，現在的醫院多半不會讓懷孕婦女接受放射性檢查。雖然我真心覺得這種做法已經接近因噎廢食，不過在這本書成為人手一冊的暢銷書之前，應該不會有太大的改變吧！

09

他只是個孩子啊！
可以做放射性檢查嗎？

　　有一首歌是這樣唱的：「世上只有媽媽好，有媽的孩子像媽寶。」咦？應該沒有哪裡唱錯吧？有時在醫院會上演一種無人能擋的狀況劇，就是在急診室聽到：「你們講這些專業什麼的我也不懂，我只是一個媽媽擔心小孩的健康，愛小孩難道錯了嗎？」正常來說，我們有不懂的事情，就應該虛心向懂的人請教，但是通常這種媽

媽不是來和你講道理的，她們是來「討公道」的，至於這公道到底公不公道？待小弟先來講個故事。

☢ 恐懼總是來自無知

　　我的朋友S君在某大醫學中心上班，某一天晚上急診推來了一個小朋友，說要做頭部電腦斷層檢查，當時的狀況非常兵荒馬亂，小朋友非常躁動，大家就想快點照完早點回家，結果大致上詢問了一下名字就上台照了。沒想到結束沒多久，急診那邊就打電話來了：「你們照錯病人了啊！」S君：「剛剛照的不是志明嗎？」急診表示：「是『致民』不是志明啊！」慘了，音差一點點，人卻天差地別。照錯人當然不是一件好事，不過只要劑量在安全合理的範圍內，其實和量身高、體重沒什麼兩樣。可惜不過那位媽媽當時沒有買這本書，不了解低劑量輻射，所以非常激憤，她堅決認為那個做錯的檢查會讓她兒子得腦癌，於是開始和醫院展開長達一年的賠償攻防，那是後話這裡就不提了。

其實這種事情真的很奧妙，人對於放射線的恐懼多半來自於無知，而無知多半來自於二十四小時媒體不停地用非科學的資訊洗腦。媒體習慣去訪問、引述一些知名人士的言論，哪怕他是小說家、導演、藝術家，或者電視節目主持人，只要夠有名、有影響力，他的話就是真的，反倒是真正的專家講話沒什麼人要聽，還會被指控為專業的霸權、核電三工，所以日積月累下來，民眾對於放射線的恐懼有增無減，大家聞輻色變，而一般學科學的人又習慣很保守地說：「風險很低、沒有科學證據證明有害。」這種雖然貼近事實、卻是毫無參考價值的話，到最後民眾還是一知半解，完全沒有解決疑慮。

☢ 只要低劑量，並無顯著危害

在醫院裡，放射線科總是有一種「原罪」，好像每次談到放射線就要提到「醫療輻射的使用是基於利大於弊」，問題就在於，一般民眾聽到那個「弊」就恐慌了，但是科學已經告訴我們那個「弊」很可能是不存在的，為何我們一直執著於不願意放下成見呢？原因是醫

療的問題非常複雜，它不僅牽涉到醫術、經驗、科學理論，還牽涉到人與人之間的互動、互信，以及整個社會的價值觀。

　　一般人的認知裡：「我很健康、我的老婆很健康，我們生出來的小孩就應該要很健康，他也應該要健康地成長直到老死。」基本上聽到這種話，大家都笑了，問題是，現在你是心平氣和啊！到了醫院可就不是這樣了。「你不是醫師嗎？你怎麼連這個都治不好？你能保證我的小孩照了這個不會癌症、不會病變？你能保證嗎？」我很坦白地說，今天就算是華佗再世，他也沒辦法掛保證，畢竟他連自己的腦袋都沒辦法保證了。就是因為過去的研究，顯示出一些「高劑量輻射會導致有害的生物效應」的事實，經過某些人的過度渲染後，大家自己腦補簡化為「輻射就會導致有害的生物效應」自動忽略了「高劑量」三個字。沒錯，我們對輻射防護的態度是保守的，但這並不表示我們承認低劑量具有顯著的危害啊！

　　事實上，在過去一些長期大型數據追蹤研究的結果，小朋友在低劑量輻射曝露之下，除了相較於成人而言是

相對敏感的以外，經過轉換為有效劑量之後，依舊是低於100毫西弗的狀況下，是沒有顯著差異的。其實這是很直觀的，因為即便像是胚胎這樣原始、對放射線敏感的狀態，低於100毫西弗的劑量也沒有任何的異變證據，更何況是已經長成嬰兒、小孩、青少年的人。

☢ 關鍵始終在於劑量

我們應該理解真實的狀況：放射線曝露對於人體的影響關鍵始終都是劑量，而不是觀感，也不是「我只是一個媽媽，我愛我的小孩」。這麼說並不是鼓勵大家沒事就讓小孩去做檢查，因為累積太多次，還是可能會超過100毫西弗的，但是無謂的恐慌，除了造成自己莫名的壓力以外，其實對整件事情沒有任何幫助，當然如果你拗得過醫院，讓他們給你一點好處，那又是另外一回事了，不過那就進入醫病倫理的問題，而不是科學問題，就不在這裡贅述了。

我經常在思考一個問題，照X光和量血壓到底有什麼

不一樣？當然產生的醫療資訊是完全不一樣的，不過我想說的是，我們會因為照錯 X 光而憤怒，但是從來沒有聽過某個病人因為量錯血壓而跑去院長信箱投書申訴，理由就是因為你認為量血壓是無害的，而照 X 光可能是有害的，你照 X 光是基於「利大於弊」的不得已選擇。事實上，只要在醫學物理師的監控之下，我們可以掌握 X 光的劑量，自然可以確認某次檢查中的 X 光對人體的影響有多大；只要能掌握足夠資訊，X 光檢查也可以像量血壓一樣安全無虞，那我們又何須執著於所謂的利弊呢？

「即使是兒童也可以做放射性檢查，但是要注意劑量監控。」

10

醫院的移動式
X光機會殺人？

　　有住院經驗的人可能看過這樣的情景：下午小睡個
片刻，忽然被騷動聲吵醒，眼睛一睜開發現身邊的醫務
人員全消失了，還以為自己上了整人節目，趕緊四下張
望，尋找攝影機在哪裡，說時遲那時快，隔壁床的老伯
被一台像是星際大戰裡的機器人堵住，門外隱約有個穿
著白袍的壯漢，手上還拿著一支像是核彈引爆器般的東

西正準備按下去，「嗶……好了！」一瞬間，原本消失的醫務人員全部回來了，彷彿剛剛什麼事情都沒發生，穿著白袍的壯漢走進病房，把老伯身子下面的板子抽走，瀟灑地推著機器人離開了病房……這是搞哪齣？我現在是住院還是拍電影啊？這X光難道不是「一人照、全員補」嗎？如果你去問照相的放射師，他可能會告訴你這東西劑量很低不用擔心……不是我不相信你，問題是你一喊要照相，每個醫務人員跑得像飛一樣，你一個人站在超遠的牆後遙控機器，我書讀得不多，你不要騙我啊！

在臨床上有很多種說法，有些人說三公尺很安全，有些人說五公尺很安全，當然理論上是愈遠愈安全，但是如果以X光衰減無止境的原理來說，就算逃到宇宙的邊緣也不會完全安全的，更何況飛出大氣層之後，宇宙輻射劑量還更高，所以最佳位置其實是臭氧層內緣的某個宇宙輻射最低點，不過，實務上當然沒那麼誇張。從美國加州某個醫院團隊所測量到的結果是這樣的，在一般使用移動式X光機做胸腔檢查的條件下，可以在病人照射位置一公尺處測得約0.85微西弗的劑量。

0.85微西弗是一個怎麼樣的概念呢？地球人一年受到環境輻射的曝露平均約為2.4毫西弗（前面講過了），也就是2400微西弗（乘以1000做單位換算而已），所以說只要你還活在地球上，就算什麼事都不幹，單純地正常生活也會每天被曝露6.6微西弗，比隔壁床病人照相時你出於關心站在他身旁一公尺的地方安慰他更高出近七倍。此外，根據加州該團隊實地測量，距離三、四公尺之外的地方就只能測量到背景輻射了，也就是說，就算是你脫光光什麼防護都不穿戴，也和平常沒兩樣（如果你平常喜歡脫光光的話）。要注意的是，上面討論的這些都是做檢查的病人本人以外的人士所受到的散射曝露，病人本身還是有一定程度高的劑量，那就是另外一回事了。

☢ 移動式Ｘ光機的效果有限

　　當然也有些人以為在病房用移動式Ｘ光感覺比較尊爵，照相不用下樓，由專業放射師親自把Ｘ光機推到病床面前一對一服務，其實並不是這樣的。移動式Ｘ光機

通常是為沒辦法到樓下常規檢查室做檢查的人（例如意識不清、行動不便的病人），這是莫可奈何的替代選擇，因為受到電壓以及輻射防護的限制，在病房中使用移動式X光機沒辦法產生較高劑量條件的X射線，因此影像品質較差，影像品質差當然就意味著診斷品質受影響，此外，移動式X光機能讓你做的檢查也很受限，絕大部分的情況下只做胸腔檢查，所以除非不得已，我們是不會建議病人使用移動式X光的。

每次談到移動式X光機，我就挺感慨的，從一件小小的事情就可以反映出整棟醫院真正了解放射線的人真的是屈指可數，同時「想要去了解放射線的人」也是屈指可數。

我的樂團鼓手在某醫學中心內科擔任住院醫師時，每次移動式X光機來的時候，旁邊的人就會說：「某某醫師，快點躲起來，波塔波（portable）來了！」然後就手刀奔向十公尺外的一塊鉛板後面蹲著。大家可以想想這個情景，如果他去躲，就表示他和其他人一樣無知；如果他不去躲，就表示他認為其他人很無知，躲也不對、不躲也不對，明明是一個科學的問題，莫名其妙

也變成人際關係的問題。另外，一大票人一溜煙消失，然後回來病房又對病人說沒關係劑量很低，雖然這是真話，但是觀感上很難讓人心安，連帶導致我們去向人解釋的時候難以獲得信賴，實在讓人非常困擾。

所以說，大家真的不要再害怕病房裡的移動式X光機了，除非你有一種很奇怪的癖好，每當人要照X光的時候，你就有一種擋不住的欲望想躲到他的床底下，那我就沒辦法保證你曝露的劑量很低了。在正常的情況下，只要保持適當的距離，就可以完全不必在意移動式X光機所產生的影響。下次住院的時候，如果看到有移動式X光機到床服務的時候，記得優雅地起個身，目測一下適當距離，喝一口剛剛在超商買的熱咖啡，欣賞一下小白兔們在草原奔馳的美景，帶著微笑就可以了。

＂ 只要距離移動式 X 光機三公尺以外，就幾乎沒有影響。**＂**

11

健檢的輻射劑量
等於原子彈爆炸？

在台灣，被人家說「很有良心」的時候，可別高興得太早，因為一提到「良心」，我們腦海中立刻浮現的要不是食物還沒到期就腐敗，就是窖藏九年的砂鍋魚頭等畫面。在這股「良心」熱潮當中，很多不讀書又愛賣弄學經歷光環的假貨，如雨後春筍般占據新聞版面。像是某位腎臟科醫師捧著「良心」出來「揭穿」醫院健檢的

放射性影像檢查不僅無效，反而會增加癌症風險的「黑心事實」。網路上一片叫好之餘，據說還有某名校醫學系系友會力挺，我看了哭笑不得，難怪連後藤新平（日治初期的台灣民政長官）也感嘆台灣民眾「易騙難教」，連被視為全台灣最聰明的一群人也不例外。

☢ 原子彈的原理和影響

原子彈是什麼東西？初登場是在二次世界大戰末期美國著名的曼哈頓計畫（Manhattan Project）中研發出來的新型武器（就當時而言），原理是利用高濃度的放射性鈾與鈽發生強烈的核分裂反應，威力相當於數萬噸的黃色炸藥（TNT），當時遭受投彈的廣島與長崎死傷人數高達數十萬，事後產生的許多效應，包括我們現在已知的那些輻射生物效應也不計其數。

這對名為「小男孩」（Little Boy）與「胖子」（Fat Man）的原子彈的出現，讓全地球人確定：「未來我們絕對不該再使用核武器了。」當然，這兩顆原子彈與廣

島、長崎民眾的犧牲也並非毫無價值，從戰後追蹤至今的七十餘年提供給我們非常多對於輻射的寶貴資訊，這對近代放射線科學有巨大的貢獻。

一般來說，除了少數長時間的透視攝影外，我們能在醫院接受到的單次放射線檢查的輻射劑量多半不會超過100毫西弗，更別說典型的健檢用的低劑量胸腔電腦斷層的劑量平均才1.4～1.6毫西弗左右。

☢ 別把無知當良知

說到低劑量胸腔電腦斷層，又讓我想到更早之前還有一位號稱主任級的名醫，找了一台低劑量的電腦斷層做檢查，同時指控台灣大部分的醫院沒有良心，使用的輻射劑量太高。

事實上電腦斷層的劑量使用和照射部位與預期達到的診斷效果有密切的關係，並不是低就是好，高就是邪惡，1.4～1.6毫西弗的電腦斷層僅能做「低劑量肺部掃描」，其他檢查，例如腹部或頭部，用這麼低劑量的

條件，產生的影像只能用「血肉模糊來形容」，事實上如果你想要看完整的胸腔影像、做常規胸部檢查的話，大約 7 毫西弗才是合理的。

回頭看我們一開始的問題：「健檢的放射性檢查到底是幫忙早期診斷還是增加癌症風險？」從台灣癌症登記中心的資料顯示，2012 年台灣地區每十萬人有三十五人罹患肺、支氣管及氣管癌（標準化發生率），平均每四十五分鐘發生一例，這些都是已經發生的「事實」，完全不能和使用數學模型所做的癌症機率「評估」相提並論。

我們都知道，癌症的早期診斷對於後續的治療與預後有非常大的幫助，你現在用一個僅在輻射防護領域裡做為評估用的數學模型恐嚇民眾不要做健檢，這算是哪門子的「良心」？你要嘛就是提出某黑心醫院的健檢不當使用超過 100 毫西弗的劑量做檢查，再不然就是找到 2 毫西弗的致癌科學證據再來談，都沒有的話，真的可以洗洗睡（網路流行語，原為洗澡、洗臉、睡覺去，意指不要白費力氣）好了。

有時候我覺得現代知識分子的崩壞，來自於自我虛構

的正義感，把無知當良知，一天到晚講一些自己不懂的東西，又愛頂著專家的光環講一些非自身專業的事情。原子彈爆炸是會讓人灰飛煙滅的，你如果有看過任何一個人到醫院健檢之後就灰飛煙滅了，請務必快打110報警，因為這不是一個醫療事件，而是貨真價實的刑事案件了。

> 健檢不會爆炸，但是能讓我們更了解身體的狀況。

12

「核磁共振」
是用核能做檢查嗎？

2003 年十二月，諾貝爾獎做了一個非常罕見而且有趣的決定，他們把生理學或醫學獎頒給了一位英國的物理學家與一位美國的化學家，表揚他們對醫用磁振造影的貢獻，理由當然不難理解，因為即便是那個時候，磁振造影早已成為臨床每天不可或缺的診斷利器。其實「磁振造影」這個名字相對而言在民間比較少聽到，大

多數的人都稱呼它「核磁共振」，其實這個名字有點對也有點不對，硬要說的話，最完整的名字應該是「核磁共振造影」，不過早在 N 年前，由於民眾以為有個「核」字就一定有放射性，前輩飽受其苦，索性就把「核」字拿掉，雖然對於這個技術來說，「核」字的意思是「扮演關鍵性的角色」。

☢ 磁振造影使用的波段屬於無線電波

以前我的辦公室是在磁振造影室的旁邊，偶爾不小心露出帥臉時，常會被病人抓住問一下：「這個檢查有沒有輻射？」身為一個醫學物理師，帶著科學家的精神與驕傲，我理應勇敢地對他說：「這個檢查絕對有輻射。」因為我們都知道只要有電就有輻射，而磁振造影使用的正是貨真價實的非游離輻射。但是這種非常科學的正確答案只會讓我接下來更困擾而已，所以通常我還是帶著微笑說：「這個檢查沒有輻射，對身體沒有傷害喔！」我實在很痛恨我自己，這種說法講得好像其他有輻射的檢查就一定會傷身，我的內心是多麼想要請病人

坐下來聽我上課一個小時，讓我解釋清楚輻射的種類與生物效應。

　　磁振造影使用的電磁波段是屬於無線電波，就是收音機的那種無線電波，頻率比紅外線還要低，這個技術的原理是利用一個大磁鐵把你全身上下的氫原子吸成某個方向，這時候呢，再發射無線電波去和你的氫原子「核」（有沒有，「核」出現了）共振，藉由測量人體組織間對無線電波不同的吸收能力來產生影像，是不是聽起來很難懂？不懂也不用太灰心，做完檢查記得去櫃檯繳費就好了。

☢ 沒有劑量問題，只怕煮熟……

　　一般來說我們不是那麼關心它的「劑量」問題，廢話，沒有游離哪來的劑量？不過我們比較擔心它會把你煮得太熟。做過磁振造影的人都會有這樣的經驗，一開始進入檢查室覺得冷到靠北，立刻請求工作人員給你加蓋特厚棉被，還威脅要是感冒了要他負全責，沒想到

檢查到一半就不對勁了，還會有一種想要偷踢被子的衝動，因為實在是愈來愈熱。這個熱，絕對不是我們體恤你而偷偷在旁邊開暖氣，而是電磁波與水分子共振的過程當中產生熱能，有沒有覺得很熟悉，很像一種家裡的電器叫做微波爐？

天壽啊！我好好一個人你把我放進巨大微波爐加熱，簡直就是《變形金剛》第三集、《人肉叉燒包》第四集、《沉默的羔羊》第五集，救命啊～～～當然沒那麼恐怖啦！有一個單位是給非游離輻射專用的，叫做「比吸收率」（specific absorption rate，簡稱SAR），一般來說在使用1.5T的磁振造影（電磁場強度為1.5特斯拉）檢查時，全身的限值是每公斤2瓦，頭部的話可以是每公斤3.2瓦，這就是為何我們在做檢查前一定要先問你體重的原因（這時候千萬別顧慮形象而以多報少啊！），輸入體重之後，機器就會幫你監控SAR值有沒有超標，你大可以放心，只要在標準以內就絕對不會被煮熟的。

有一次聽到病人說：「上次我用一台『功能性磁振造影機』（簡稱fMRI）做檢查耶。」其實這是一個超大的誤解，事實上，這世界上所有的磁振造影機器都可以做

「功能性磁振造影」，因為「功能性磁振造影」是一種造影的技術，而不是某種特定的機器種類。功能性磁振造影的原理，是藉由大腦生理變化導致物理變化所產生的訊號差異而成像的，是不是聽起來很難懂？沒關係，做完實驗記得下去領八百元就行了。

重點是，利用 fMRI，我們可以測量大腦在認知、語言、運動等神經活動時的生理變化，並且利用這樣的生理變化幫助我們了解大腦，進而幫助大腦的臨床診療。當然各種稀奇古怪的研究都紛紛出籠，有人用 fMRI 和植物人對話（這個研究還被選為某年度《自然》（*Nature*）期刊的年度代表作），有人用 fMRI 解夢，幾年前成功大學還有教授想用 fMRI 查逃漏稅，木村拓哉所主演的《Mr.Brain》甚至還用 fMRI 破案，fMRI 彷彿成了當代的苦海明燈！

事實上，fMRI 所測量到的東西必須依賴實驗設計，並不是像電影裡一樣，把頭伸進去，就可在螢幕投射出你腦子裡想的東西，雖然我也很希望是這樣，不過現實總是殘酷的。

我自己就是從事磁振造影的研究，磁振造影就像

是一個還看不到盡頭的礦坑，我們這些小礦丁正努力不懈地挖掘當中，每年都很期待又有什麼新的技術出現，可以為一些難以診斷的疾病提供新方向，不要看科學家好像每天在電腦前面混一天，鬍子不斷遞增變長、腰圍不斷加粗，咱們每天把腦子搞到過熱都是在搞這些東西啊！雖然我經常反思醫療的進步對人們的生活究竟是好還是壞，但是在我想出答案以前，還是繼續努力地讓大家更健康比較實際吧！

"
尚無科學證據顯示磁振造影對人體有額外的傷害。
"

13

照 X 光為什麼
不給我穿鉛衣？

有一次去朋友的牙醫診所看牙，牙痛已經困擾我好幾年，主要是因為小時候曾經做過根管治療，後來念碩士的時候貪圖拿學生證有打折，就把原本的護套改為人工牙冠。沒想到後來年久失修，當我到日本讀博士之後，多次引起細菌感染而發炎，疼痛的程度和蛀牙沒兩樣。雖然在日本經過幾次處理，但是因為語言不通導致溝通

不良，後來還是決定回台灣給朋友處理。

通常我們新到一間診所看牙都會被要求先照全口X光，所以這次也不例外，雖然我覺得牙科X光的劑量低到不行，但是工作人員好心要我穿個鉛衣，我不好意思拒絕，就讓他幫我穿戴了。不過有趣的是，他居然幫我把鉛圍裙穿反了，我當下沒有指正他，不過事後到診療檯上我就吐槽了：「你知道剛剛幫我把鉛衣穿反了嗎？」工作人員：「耶～真的嗎？廠商告訴我們要這樣穿耶！」好吧，我能說什麼呢？人家也只是照著SOP做而已。於是我就花了兩、三分鐘解釋了鉛衣的穿法，還有我覺得其實鉛衣的必要性並沒有那麼重。「可是家屬會要求啊！」該工作人員抗議道，其實說穿了，這鉛衣不是穿來防輻射的（雖然它當然有其效果），而是穿來心安的。

☢ 多餘的輻射防護可能會增加曝露劑量

另外一個場景則經常出現在乳房攝影檢查室，我們都知道乳癌是女性癌症的榜首，所以在國健署的大力支持

下，年滿四十歲的女性每兩年都可以接受一次免費的乳房攝影篩檢，以求提早發現、提早治療。乳房攝影本身是很有爭議性的檢查，因為一般人可能會覺得用一個可能產生乳癌的工具來檢查乳癌，不是很矛盾嗎？單次乳房攝影的劑量大約是0.7毫西弗，先不提是遠低於100毫西弗，就算我們硬是用線性模型去評估其癌症風險，也僅能增加還不到十萬分之四的風險，但是乳癌初期的五年存活率高達八成，若是零期就發現，治癒率將近百分百，反之，如果到晚期才發現，存活率就掉到六成以下了，這顯示出乳房篩檢的輻射劑量根本是微不足道的。

　　但是有些來接受乳房篩檢的人擔心的不是乳房（這是主角，當然不能擋），而是乳房以外的地方，他們希望可以擋一下甲狀腺、擋一下子宮，乍聽之下也算合情合理，就像我們去照全口X光的時候，他們也幫我把身體其他部分都包住了。問題是，包住其他部位的風險就是可能會遮到原本的乳房照射，導致原本該看的地方被遮住，整張影像失去診斷價值，結果到最後還是得要重照，每重照一次劑量就會加倍，所以在已知劑量很低的狀況之下，去做多餘的輻射防護未必有幫助，有時候甚

至反而會增加你的曝露劑量。

這時候有人又要抗議了，那為什麼你們工作人員都有穿鉛衣？不是說好劑量很低的嗎？大家要知道一件事情，你可能這一年只做這一次檢查，問題是放射科的工作人員是一天八小時在接受放射線曝露啊！先別提輻射生物效應了，法規那關就過不了了。依照現行的法令規定，五年之內不能超過100毫西弗的曝露，換句話說，平均一年不能超過20毫西弗（如第42頁所述，單年的限定是50毫西弗以內），在這個前提下，我們為了保住自己的飯碗，是不能在工作當中隨便被X光照到的，否則就要接受調查並停止執業的。

另外，一些輻射防護設備的目的是在於「合理抑低」，這大家在前面應該已經讀得很熟了，要是這些設備不僅沒有讓你的劑量抑低，反而增加了劑量，那麼相較之下，我們就情願不要濫用那些東西了。好比說，在進行透視攝影的情況之下，通常不鼓勵工作人員穿戴鉛手套的，原因是透視攝影機器的工作原理為了維持影像品質，當視野範圍內出現放射線難以穿透的物體時，它就會自動加強X光的輸出，所以大家可以想見，如果有

一個超級難以穿透的鉛手套跑進視野範圍，那麼 X 光的劑量就會為了穿透你的手套而增加，完全是得不償失。

所以說，不要一進檢查室沒有獲得鉛衣、鉛裙、鉛圍脖就想要客訴，也不是給你穿輻射防護裝備就以為有什麼特別的功效。多數的時候，那些鉛衣、鉛裙、鉛圍脖的安慰作用遠大於實質的防輻射效果，與其拘泥於有沒有防護衣，還不如多了解各種檢查的劑量，因為只要有明確的劑量資訊，自然就可以了解放射線對你的影響程度，這會比你把自己包成機器戰警還要更強大。

"
鉛衣未必能讓你減少不必要的輻射曝露。
"

14

放療？化療？
傻傻分不清

　　有一部分和醫學物理師有關的業務叫做「放射治療」，簡稱「放療」，又因為閩南話稱 X 光為「電光」（可不是電光毒龍鑽，或是電光超人的電光喔），所以也有人叫它「電療」，但是叫做電療又容易和復健低電流治療的電療混在一起……哎呀！總之，放射治療最主要的客群是癌症病患，和放射科（或是放射診斷科、放

射診療科、影像醫學科）不同的是，放射腫瘤科所使用的放射線是以高能量的放射線為主，一般我們在診斷使用的X光是幾十到幾百千伏的能量，治療則是幾百萬伏以上的能量，原因是治療用的放射線通常需要有更強的穿透力，才能讓多數的放射線集中在患部，如果使用比較低能量的光子，那多半還沒到達患部就已經被前面的組織吸收光光，治療效果就變差了。

為了產生高能量的放射線，我們就必須使用各式各樣的「加速器」，像是可以產生高能量X光的直線加速器（LINAC）以及現在超夯的質子加速器、重粒子加速器，不要小看這些加速器，它們一邊印鈔票一邊做功德，同時滿足我們今生和來世的需求。

很多人會把「放射治療」和「化學治療」搞混，雖然這兩個名詞除了「治療」二字以外，完全沒有一丁點相似，但是每次我談到放療就有人說：「喔喔喔，化療我知道，就是會掉頭髮的那種。」我完全沒提到一個「化」字啊，大佬請你行行好！

☢ 唯有早期發現，才能提高存活率

目前正規的癌症治療方法主要有三種：手術、化療、放療。手術，就是手術，就是拿刀把身體打開，然後挖掉長瘤的地方，最後再把身體關起來。化學治療，就是「不是物理治療」，主要是注射一些治療藥劑到身體裡，讓癌細胞被毒死，有沒有聽過武俠小說裡講的「以毒攻毒」？差不多就是那個意思。放射治療則是利用高能量強度的放射線破壞癌細胞的DNA，直到癌細胞失去增生能力為止，所以一般來說，我們都認為放射治療是唯一可以100％消滅癌細胞的治療手段。那你可能會問：「既然那麼棒，那我們都用放療不就好了？」問得好，真實的情況是，在治療的過程中，不僅可以100％消滅癌細胞，要是電光催得太猛，也可能同時100％消滅正常細胞，癌細胞死了，人也死了，那還算是治療嗎？所以說，要怎麼把治療的C/P值調整到恰到好處就是醫學物理師的專業了。

化學治療通常會伴隨著掉髮，因為化療是一種「通殺」式的治療方式，藥物打進體內是不長眼睛的，就像是派轟炸機清理戰場一樣，轟炸機像母雞下蛋一般在戰

場上空來回轟炸，管你是敵軍還是良民一視同仁地掃蕩，所以當然同時會造成普通鄉民不幸陣亡。毛髮或表皮之類新陳代謝快的細胞組織，很容易因為這種無差別攻擊而遭殃，不過等到療程結束以後，毛髮就會恢復生長。

放射治療就不是這樣了，放射治療是標的性的攻擊，我們決定好目標之後，精密地計算出要對目標發射多少枚飛彈才能殲滅全軍，然後開始有計畫地每天打一點、每天打一點，雖然射程範圍內的良民還是多多少少會受到波及，但是射程外的良民就完全不受任何影響了。如果你今天是治療乳房，那絕對不會有任何掉髮的問題；但如果是治療頭腦，因為頭髮屬於射程範圍內的良民，所以會遭到池魚之殃，和化療比起來，放療較不好的地方就是這種放療造成的落髮有可能無法復原，因為毛囊可能會在治療的過程當中被徹底殺死。

當然，目前醫學正規處理癌症的方法並不能讓所有的癌症病患痊癒，但是我們至少知道早期發現、早期治療對於提高存活率有非常大的幫助。這些經驗的累積都是基於非常嚴謹的科學研究所得到的，當這些嚴謹的經驗不能滿足所有的病患時，就開始有一些奇奇怪怪的都市

傳奇出現了：有人說，他三叔公的四表舅的五姨媽的老公得了癌症，結果什麼都不做，只是躲到山裡呼吸新鮮空氣，一個月就不藥而癒。還有更厲害的，有人得了癌症，醫師都要家屬幫他準備後事了，沒想到他每天深呼吸就不藥而癒了。不過這都不是最高境界，最高境界是有人得了癌症之後，被某個人摸一下腫瘤就消失了。這些五花八門的療法，總是開宗明義就對你說：「現代醫學治療不能100％治療，而且還有副作用。」這句話我不否認，但是他們又接著說：「用我們的的療法才是最自然健康的。」你想想看，要是有一種自然不用改變現狀的方法可以治好你的病，那你根本就不會生病吧！

我不敢說這些東西都是詐騙，但是你冷靜思考一下，認為這些稀奇古怪的療法能成功的機率有多少？有沒有人曾經告訴你，那些拒絕治療逃到山裡就痊癒的比例有多高？那些深呼吸就不藥而癒的人有幾個？那些神人摸過的人當中有多少是活著回來的？這些偏方當然可能有效（我的意思是「不排除可能性」），但是人接受治療，就像是抓一把咖啡豆丟進咖啡機裡煮咖啡，面對眼前兩台不同品牌的咖啡機，A牌很明確告訴你有多少機率可以泡出咖啡，而B牌雖然偶爾可以磨出神級風味，

但是大部分時候把豆子丟進去會爆炸，請捫心自問，正常來說，你會選擇哪個品牌的咖啡機？你可能會說：「可是我們也沒辦法啦！死馬當活馬醫呀！」就算要醫死馬，最起碼選擇一個機率高的吧！把賭注全押在一個毫無證據、沒人擔保的治療方式，難道會比擁有巨大科學證據支持的正規療法讓人有信心嗎？不要輕易相信那些沒有科學證據的療法，九成九會害死你的。

我知道有時候這是很矛盾的，你會覺得：「你又不能保證治好我，為什麼我要相信你？」我的確不能保證治好你啊！事實上這世界上沒有任何一個人可以保證治好你的。對我們而言，治癒率愈高的疾病愈令人害怕，想想看，如果有一個疾病的治療成功率是90％，今天要是治療失敗了，病人會怎麼想？認為我們的醫術不好？療程有疏失？還是他能冷靜地理解，這世界上並沒有武俠小說裡那種能治百病的大還丹呢？我沒有答案，也許永遠不會有答案。

> 66
>
> **接受科學證據支持的專業治療才是理性的選擇。**
>
> 99

15

醫美用的脈衝光
也是輻射？

江湖上流傳著一句話：「醫病不如醫醜。」在醫學美容如此風行的當下，朋友有一天忽然問我：「醫美用的脈衝光會不會致癌？」小弟頓時驚呆了，因為我從來沒想過這居然會是一個問題。我當然可以理解對大部分的民眾而言，那些「似乎是很高科技的東西」是具有致命吸引力的，從早期的超音波、雷射光，到現在的脈

衝光，這些聽起來好像宇宙超人用來對付巨大怪獸的招式，到底對人體有沒有害？

　　首先我們得理解雷射光和脈衝光的差異，但是在理解這件事情之前，要先確認一下大家對「可見光」的概念。所謂的可見光就是用人眼能夠分辨出顏色的光，在人類所知的光譜中，可見光其實是非常窄的一個波段，波長介於380奈米（紫光的邊緣）到750奈米（紅光的邊緣）之間，低於380奈米的稱為紫外光（或是紫外線），超過750奈米的稱為紅外光（或是紅外線）。

　　「雷射」原本的意思是「受激輻射的光放大」（Light Amplification by Stimulated Emission of Radiation），但是因為太長很難背，就簡稱為雷射（LASER），基本上它本身還是一種可見光。那麼為什麼雷射光那麼強呢？原因是我們一般的可見光並不是單一能量的，好比說自然光是白色的，並不是因為這世界上有一種光譜叫做「白光」，而是你把所有顏色的可見光全部摻在一起就可以做成白光。如果你用一張紅色玻璃紙過濾自然光，那就會得到紅色的光，這應該就很純了吧？其實還是不夠純，因為在波長介於620～750奈米之間的光看

起來都很像紅色（程度不同而已），因此你可以繼續過濾、繼續過濾，到最後就會看一丁點很純的單一能量光線了，雷射光要是用這樣的方法產生就完蛋了，一大捆光束最後擠出一丁點單一能量紅光。事實上，實務上所用的雷射光是用特殊技術產生出來的，它能確保輸出的光子每一顆都是特定能量，如果是發出綠光，那就是整條光束都是同樣波長的綠光；如果是發出紅光，那就是整條光束都是同樣波長的紅光。所以利用雷射光來做治療，可以針對某些吸收特定波段光線的組織進行曝露，就可以非常有效率地達到療效。

☢ 只要是可見光，就沒有致癌疑慮

脈衝光就不是這樣了，脈衝光是結合雷射光的技術與自然光的概念而產生的技術。脈衝光使用雷射技術產生各種不同（典型的範圍大約是430～1200奈米，橫跨可見光到紅外光的範圍）的純能光束，再把這些純能光束混在一起，並且以間歇的方式發射，優點是可以開無雙（使出殺手鐧）掃射各種不同的組織，但是大家也可以

預期，開無雙打雜魚和主將單挑還是有程度上的差異，所以治療效果上和雷射還是有差異的，至於差異在哪裡？請洽您的美容醫師。

回到一開始的問題，不管是雷射光還是脈衝光，到底會不會致癌？事實上做一些雷射和脈衝光治療的確會有一些皮膚反應，但既然是可見光，當然就沒有致癌的疑慮了，至少人類發展了二十幾萬年以來，沒聽過照自然光會致癌的事情，而且就算可見光真的致癌（假設，我這裡說的是假設），你也躲不掉，除非你得像法老王一樣把自己包成木乃伊，再躲到金字塔底下，才有可能不會「因為照到可見光」而得到癌症了，我想應該是沒有必要這樣的。

其實除了雷射光、脈衝光以外，我聽過「恐怕會致癌」的東西真的是族繁不及備載，尤其風行於「認同請分享」的「長輩圖」中，像是「吹風機輻射爆表恐致癌」、「冰箱上的磁鐵恐使食物致癌」、「電吉他恐致癌」，還有一些神奇防癌的祕招，例如：「仙人掌放螢幕旁邊防輻射」、「電腦族必知六類防輻射食物」，甚至「不鏽鋼金屬纖維紗防輻射」，沒想到二十一世紀的

今天還會出現用金縷衣防輻射這種奇門遁甲的事情。大家要知道，世界上只有一種致癌因子是公認無異議的，那叫做「出生恐致癌」。

事實上，了解電磁波與身體的交互作用之後，幾乎可以確定，能量低於可見光的電磁波對人體的影響是很有限的，更進一步地說，我們生活中有很多危險因子更超過電磁波對人的威脅，包括肥胖、作息不正常、缺乏運動、酒駕、賭博、痴漢、立委、劈腿、騙財騙色，這些危險因子會產生的危害未必是癌症，但是卻比癌症更難治療。低能量電磁波給人的生理傷害是很有限的，但是往往在媒體渲染，以及一些意圖從中獲取利益的人過度炒作之下，讓人的「心理」上產生了恐懼，恐懼是會出人命的，如果輻射會說話，也許它會說：「我雖不殺伯仁，伯仁卻因我而死。」

＂
脈衝光雖是非游離輻射，但還是要在醫師的建議下接受治療。
＂

Part III

輻射來了，
快逃啊！

16

吃香蕉會致癌？
什麼是天然輻射？

香蕉，傳統上被認為是猴子的最愛，除了可防止或舒緩缺鉀性抽筋，味道香甜可口又鬆軟，外皮好剝食用方便，是熱帶水果中的人氣王。不過你知道「吃香蕉恐怕會致癌」嗎？天啊！黑心食品滿街跑，現在連香蕉都不能吃了，還不快點用選票給這個政府一個教訓！

其實，不是政府把關有問題，而是自古以來的香蕉都可能會致癌。聰明的你一定發現哪裡怪怪的，既然香蕉會致癌，為什麼政府不禁止販賣香蕉？這個問題問得很好，不過抽菸、吃檳榔也致癌，政府有禁止販賣香菸、檳榔嗎？很顯然會不會致癌和能不能賣沒有直接關係。到底香蕉發生了什麼事呢？

☢ 萬物皆有輻射

香蕉是一種富含鉀的水果，鉀在自然界的放射性同位素（鉀-40）比例高達0.0117％，這玩意的半衰期長達十二億五千萬年，大家要知道，地球目前為止，壽命也才五十億年而已，假如有一堆鉀-40從地球誕生起就存在，那麼這堆鉀-40元素花了五十億年的光陰才衰減為原本的1/16而已，更別說人的壽命才七、八十年，換句話說，在我們的一生當中，一根香蕉幾乎無時無刻都在發出放射線。熟讀前面章節的朋友腦海中應該已經浮現：「劑量是多少？」五個字了，所以我們來看看香蕉的劑量到底是多少。

首先要提到的是一個叫做「香蕉等效劑量」的東西，據說它是1995年在一個談輻射安全的郵件討論群組當中被提出的（這多半是搞笑性的內容，基本上和用營養午餐當作政府經費的單位一樣實用）。一根150公克的香蕉含有約0.5公克的鉀，根據美國環保署的資料顯示，純鉀-40對一個成人曝露的劑量大約是每貝克（Bq）5.02奈西弗（nSv），而每公克的鉀所含鉀-40活度是31貝克。

　　根據以上資料可以求得所謂的「香蕉等效劑量」等於0.0778微西弗，四捨五入就大約等於0.1微西弗了。也就是說，當你一口氣吃下三百根香蕉並且不排出來的情況之下，經過五十年就等於照了一次胸部X光，產生的癌症風險約增加0.000144％。你說，還有什麼比吃了三百根香蕉，過了五十年還排不出來更危險？

　　不過大家也不必太擔心，因為在一般健康的情況下，人體內的鉀含量其實是恆定的。也就是說，吃進香蕉前後，體內的鉀離子濃度並不會有多大的改變，過多的鉀會和著便便一起進入下水道，回到大自然母親的懷抱。

　　換句話說，一個正常人吃完香蕉後，什麼事情也不

會改變。但是身體缺鉀的狀況就是另一回事了，如果有一位運動員因為運動流汗，大量流失鉀離子而抽筋，這時候他體內的放射性鉀造成的劑量就會降低，同時癌症風險也會大幅降低，但是因為抽筋會非常痛苦，所以這時候如果防護員遞出一根香蕉，運動員吃完補充了鉀離子，沒多久抽筋停止了，癌症風險立刻提高，於是防護員以過失殺人未遂罪嫌被起訴……（大誤）。

蕉農這時候就抗議了，就算吃香蕉可能有風險，不過大不了吃完香蕉把大便大乾淨點就沒事了。但是大家可以回頭思考一個問題，剛剛我說了，人體內本來就有恆定數值的鉀以進行生理作用，以一個70公斤的人來說，身上就有高達3.5公克的鉀，在這些天然純淨無汙染的鉀裡頭0.0117％的鉀-40當中，近九成會發射電子（這體內還擋得住），一成多則會發射加馬射線（這就擋不住了）。當你到台北市政府廣場前和幾十萬人體輻射源一起參加跨年演唱會時，已經不知道等同於被照幾張X光了，說著說著，好像連去看個台北101煙火也有國安級的危險了啊！

☢ 輻射的害處與天不天然無關

有時候我會聽到這種論調:「香蕉是天然輻射,所以不一樣,天然輻射自古以來就和人體共存,是好的輻射,吃香蕉有益健康,和核廢料的輻射不一樣,核廢料是萬年遺毒,是人造的邪惡輻射。」

先不提鈾礦本身是天然的元素,如果要論遺毒,半衰期十二億五千萬年的鉀-40也算是數一數二的遺毒了(核電燃料中的鈾-235是七億,而鈾-238是四十五億),甚至連香蕉都還沒誕生以前就開始遺毒了,所以說,這種腦補論述根本沒有參考價值。事實上,關鍵一直都不是半衰期的長度,而是它會產生的劑量,是不是天然的不重要,我們只關心劑量會不會造成健康上的影響。

事實上,在我們身處的環境中,除了萬物都有輻射之外,還有來自外太空的宇宙射線和少量但舉足輕重的氡氣、核彈試爆產生的塵埃,把這些林林總總的因素統合起來,就是我們所說的「背景輻射」,這些東西從你成為受精卵的那一刻起就已經每天對你曝露了。至於為何我們每天無時無刻沐浴在輻射當中卻沒有立刻死掉,理

由當然就是因為劑量很低。

有時在媒體上看到一些環保團體帶著不知從何而來的「棒子」全台走透透，目的是為了告訴大家某某地方非常危險，而且他們都非常有恆心，一定會找到劑量最高的那個位置。當然只要你有錢都可以買輻射偵檢器，但是正確使用輻射偵檢器是需要受過訓練的，沒受過訓練的人往往會忽略輻射測量的結果和儀器的特性、適用範圍、操作方式有密切的關係，雖然《超人力霸王》裡的早田隊員拿出棒子就能變身超人，但這並不表示，任何人只要拿出輻射偵檢器，就能變身為受過一百四十四個小時專業訓練、並通過輻射防護測驗的專家啊！

總而言之，大家還是可以安心吃香蕉，恐懼歸恐懼，但現在大家都非常專業，掐指一算就知道香蕉產生的劑量基本上遠低於會受影響的最低標準，如果我們去計算達到輻射致死劑量（8西弗）的香蕉數，大概吃下八十億根香蕉（而且不能排出）就會立刻死亡，這個曝露劑量就算做任何醫療處置也無法挽回生命，是非常嚴重的狀況，不過我想我個人還沒吃到0.1毫西弗就應該已經蒙主恩召就是了。

"
自然界處處是輻射，會不會傷害人體的關鍵是劑量。
"

17

手機電磁波是
2B級致癌因子？

在台灣，居民抗議基地台的新聞頻率幾乎已到「月經文」的等級，最普遍的說法就是：「自從隔壁蓋了基地台之後，我家附近的誰誰誰就得了癌症」之類的抱怨。尤其隸屬世界衛生組織旗下的國際癌症研究機構在2011年發布的報告書將無線電波歸類為2B級致癌因子，讓抗議的鄉親們彷彿吃了一劑定心丸，你們老是說沒有科

學證據，你看！連世界衛生組織都說電磁波致癌了！基地台不倒！台灣不會好！

首先我們必須了解一下，世界衛生組織底下的國際癌症研究機構所定義的癌症因子分類是什麼。所謂的致癌因子可以分為四級，事實上，這樣的分類和嚴重程度是沒有關係的，而是和這個因子致癌的「可信度」有關。

記得公布手機電磁波為2B級致癌因子的那一年，台灣剛好爆發塑化劑事件，很多媒體都爭相報導「手機電磁波被列為致癌因子，與塑化劑同等級」，當時國人都覺得塑化劑很恐怖，談話性節目二十四小時不斷洗腦「塑化劑恐致癌」這觀念，民眾怕得要死，一些反電磁波聯盟也順勢跳出來唱戲，問題是：「你說這和塑化劑同級，但你為什麼不說和咖啡同級呢？」

聽到這個大家又崩潰了，滿街的星巴克不說，隨便一家超商進去都可以買到咖啡，順便集點換馬來貘周邊商品，可見又是官商勾結，政府放任有毒咖啡在市面上大量流通！這完全是亂七八糟的腦補邏輯。

很多人誤解致癌因子分級的意義，以為級別愈高致癌

率愈高，事實上完全不是這個意思。除了一級致癌因子以外，包括二、三、四級致癌因子，目前全都沒有充分證據證明該物質會致癌。

也就是說，對一般民眾而言，只有一級致癌因子是需要關心的，其他的讓科學家去關心就可以了。如果你說：「我硬要關心全部的級別難道不行嗎？」當然可以啊！任何人都可以因為害怕會摔死而堅持只住在一樓！這可是個民主自由的社會呢！

☢ 科學不能信口開河

不過大家在新聞媒體上常見到的反電磁波團體，通常都不會講這些已知、並可藉由規範保護的生物效應，而是傳遞一些超科學的現象，有時會看到有人對媒體泣訴他家旁邊的基地台害全家得了某種怪病，強力譴責政府圖利廠商、電信公司草菅人命之類的橋段，雖然人死為大，但是我們也不能因為一時的同情而泯滅專業良心。事實是，到今天為止，都沒有任何科學證據足以顯示，被

致癌因子有哪四級？

第一級　確定為致癌因子

經過足夠的科學研究嚴密驗證，並且由委員會審慎的研究與討論，這個玩意兒還真的是一個致癌因子。

第二級

2A：極有可能為致癌因子

雖然在動物實驗中看起來是致癌因子，但是在人體實驗中還沒辦法得到可信的相應結果，你可以說它是第一類致癌因子的候選人，但是可能一輩子都選不上。

2B：可能為致癌因子

雖然有一些蛛絲馬跡顯示出致癌的可能性，但是因為證據太少了，以勿枉勿縱的角度擺在 2B。

第三級　無法歸類為致癌因子

動物實驗的證據不足，人體實驗的證據也不足或是沒辦法做人體試驗，總之看不出來這東西到底應該放在哪裡就全部丟進這了。

第四級　極有可能為非致癌因子

不管是動物實驗還是人體實驗，都看不出這東西有致癌的效果。

法規限制的非游離輻射對人體有任何不可逆的直接傷害。

那為什麼居民病的病、死的死呢？我哪知道為什麼！疾病與其肇因不是隨便想個理由賴給它就算數。你說基地台讓你得了白血病，問題是全世界到處都有人得白血病，怎麼確認你的白血病是那座高壓電塔造成的？而不是因為你每天服用A片一分鐘造成的？這完全沒有道理可言啊！

現代流行病學研究必須透過非常嚴密的實驗設計，加上適當的統計分析，再從這些案例中試圖推理出一些蛛絲馬跡，甚至一個地區的報告還不夠，我們要多看幾個地區、甚至幾個不同國家所做的相關研究結果，最後才能做出審慎的推斷，科學不是信口開河的東西啊！

這時候一定會有人開始沒耐心了，你說電磁波（非游離輻射）不會致癌，為什麼那些愛鄉土、討公義、無私大愛、疼惜關懷、慈悲犧牲奉獻、反核三十年、反空汙四十年、反開發五十年的環保人士還如此胼手胝足地到處提醒大家高壓電塔、基地台、手機很危險呢？你看看，連丹麥學生的科展報告都指出，在無線網路路由器旁邊的植物死得比較快，這不是證據什麼才是證據？

關於上述丹麥學生的科展，事實上沒多久，之後有其他科學家重複這個實驗後，並無法得到相同結果，很顯然這些丹麥學生在實驗的控制上有很大的問題，我們當然不一定認為他們實驗有作假，但是造成當時實驗豆苗枯萎的原因，究竟是不是來自於「電磁波」，在他們的實驗裡根本無法確認，也是為何這只是一個「學生科展」而不是「科學研究」的原因。簡而言之，他們的實驗設計過於簡單，所以無法驗證他們一開始所設定的假說。

　　有些人會問：「雖然你那麼講，但是我自己的親身經驗，手機講久了會覺得頭痛或耳朵痛，這難道不是證據嗎？」這叫做張飛打岳飛了，事實上我們都知道低頻電磁波除了在共振的情況下可能會加熱以外，它還有引起感應電流、刺激神經的可能性，所以長時間使用電磁波設備的確有可能造成身體不適，但是這種身體不適和致癌完全是兩碼子事，硬要扯在一起就有點莫名其妙了。你切菜的時候不小心切到手比講手機更痛，還會流血，你可曾懷疑過會因此而得到癌症？如果有的話，我想你需要一本生理學課本。

"

只有一級致癌因子才是被確認的致癌物。

"

18

微波爐煮過的東西
有沒有輻射殘留？

我在國防醫學院當兵的時候，擔任的是傳令兼駕駛兵，所謂的傳令，就是跑腿的意思；所謂的駕駛，就是駕駛的意思（廢話）。我們的傳令室就在院長辦公室旁邊，院長經常要接待外賓，所以我們的部分功能就是要讓外賓們爽……我是說精神舒爽，所以當然就有一個專門用來泡咖啡、泡茶的小廚房，當然，小廚房就必須有

一台可以加熱食物的微波爐。

有一次我在傳令室值班的時候，長官忽然很神祕地問我：「你站在這裡不怕嗎？」我丈二金剛摸不著頭緒，他又接著說：「後面就是一台微波爐啊！」我頓時茅塞頓開，原來是長官體恤小兵長時間曝露在輻射當中，可能會造成日後家庭不幸福或是過於幸福（因為聽說被輻射照過的東西都會變大）。我笑著說：「微波爐的電磁波不會怎樣，而且距離又那麼遠。」長官沒說什麼，帶著微笑離開傳令室，忽然間身旁彷彿一陣寒風吹過。

☢ 微波爐是直接從食物內部加熱的

微波爐的原理，是在短時間內發射連續震盪的低頻電磁波（也就是微波），讓磁場內的水、脂質、蛋白質之類的極性分子來回碰撞而摩擦生熱，所以和傳統我們用火烤、水煮之類的加熱方式相比，微波爐是直接從食物內部加熱的。你去買一台微波爐，它的外門通常會寫著：「不要直視微波爐，保持適當距離。」

這基本上是對的，但是很多人看到這個警示標語就開始腦補空想了：「不要直視微波爐的原因一定是因為那個燈有輻射。」嗯，是有輻射沒錯，如果你硬要說可見光也是電磁輻射，也可以算你得分，但是微波爐的燈真的就只是普通的燈！不要直視微波爐和燈一點關係也沒有！燈只是提醒你這台微波爐正在工作而已，根本沒有任何其他的意義。就像前面所說的，微波爐會讓「水、脂質、蛋白質之類的極性分子來回碰撞而摩擦生熱」，可想而知人體內多的是「水、脂質、蛋白質之類的極性分子」，所以我們擔心的其實是如果微波外洩的情況下，眼睛的水晶體會不會被煮熟，甚至男生的蛋蛋會不會變成水煮蛋？

　　基於這個擔憂，電磁爐的生產都是有國家標準需求的，根據國內的法規，距離電器外部表面 5 公分或更遠位置的任意點之微波洩漏量，應不超過每平方公分 5 毫瓦。換言之，如果沒有符合這個規定的電磁爐根本就無法上市，可以上市的微波爐，我們至少都可以確保在 5 公分以外是不需要任何擔心的。除此之外，現在絕大部分的微波爐都有做電磁輻射屏蔽，除了機身是用金屬製成外（所謂的金屬屏蔽效應），門上也有網目屏蔽，而

且尺寸通常遠小於微波的波長（12公分），你想想看，你這一生有看過網目直徑大於12公分的微波爐嗎？有誰生產這種東西，可是會被嘲笑的啊！

這時候又有人跳出來講了：「雖然整台微波爐包得緊緊的，輻射不會外洩，但是相反的，裡面應該就有滿滿的輻射殘留了吧！」還有人說：「我聽某某營養專家說，微波食品很不健康，微波食品會有輻射殘留。」這次真的要換我崩潰了，你的問題我一個一個回答。

☢ 食品本身健不健康更重要

首先，微波爐沒有輻射外洩是因為根本沒有「輻射」可以外洩，前面已經講得很清楚了，微波爐的「輻射」是屬於低頻的微波，不是游離輻射，而且這種通電產生的微波，關掉電源就消失了；當然如果你發現一種關掉電源還能繼續有微波的天然物質，就可以發大財了，因為你即將發明一台可終身享用的「免插電微波爐」。

微波爐使用之後，唯一會「殘留」在食物內部的叫做

「熱」，你當然也可以說熱是一種輻射，問題是，熱輻射應該不是你所說的那種「輻射」吧！要是微波之後食物不會殘留「熱」，那表示你的微波爐已經壞掉了。

其次，微波食品吃了對健康比較不好？以前在媒體上看過一種說法，他們把泡麵的成分列出來，說裡面加了這個又加了那個，都是很不健康的添加物，所以如何如何，問題是我都要吃泡麵了，還期待吃了可以養身嗎？「微波食品不健康」這個論點，到底是食品本身不健康，還是微波爐加熱的過程讓它不健康，這是非常值得探討的啊！一般在超市或超商買的微波專用食品多半是半成品，所以勢必要在裡頭加入一些添加劑，撇開黑心商人加入不該加的東西之外，如果都是按照法規合理加入的東西，基本上沒有什麼危害人體的疑慮，頂多就是營養不均衡罷了。

如果是把昨晚的剩菜剩飯拿來加熱二次食用，那麼問題還是在於這些食物隔夜之後，是不是已經產生一些化學反應，甚至腐敗的狀況，有的話也是「隔夜」的問題，而不是微波爐的問題啊！

當然還有一種論點是說，微波爐加熱可能會破壞蛋

白質，導致營養素流失，基本上這個問題不只是微波爐有，所有的加熱方法都會破壞蛋白質，而且到底哪裡有蛋白質不被加熱變質的熟食？這是根本上的邏輯矛盾啊！

　　總之，大家就安心使用微波爐吧！現在市面上賣的微波爐都是非常安全的，一般來說，半公尺以上的距離就沒有任何安全之虞了（雖然我覺得連半公尺都太遠），只要不過度加熱、不要包裝沒打開就拿進去加熱、不要把金屬拿進去加熱、不要加熱到微波爐爆炸，基本上它都是很安全的，如果你還是非常憂心、不信任微波爐製造商的良心，那還不如現在就把微波爐拿去退貨，或是每次使用時躲到100公尺外的鐵桶裡，還有——記得把蓋子蓋起來。

微波爐並不會讓食物產生輻射。

19

溫泉居然
也有放射性！

日本的浴場文化是非常普遍的，甚至前幾年當紅的漫畫《羅馬浴場》也請來帥大叔阿部寬擔任主角，並翻拍成電影。在這裡有個觀念要澄清一下，澡堂未必就是溫泉，因為澡堂只要放熱水就可以了，而溫泉則是特指那些富含礦物質的天然湧泉，既然是富含礦物質，當然就存在放射性元素的可能性。

有時候我會覺得溫泉的世界彷彿和溫泉以外的世界是平行時空，雖然在社會上充斥著各式各樣的恐輻文宣，但是坐落在世界各地的放射能溫泉反而成了大賣點，因為並非所有的溫泉都具有放射性元素，那些擁有放射能溫泉的地方，無不竭盡所能吹捧自己的溫泉多麼富含放射線、對身體健康有多好。

☢ 低劑量輻射可啟動激效反應

　　雖然這對一般人來說似乎很不可思議，不過在學界的確有一些人認為低劑量輻射曝露對身體可能是有益的，這一般被稱為「激效反應」（Hormesis）。

　　1980年代就有學者表示激效反應存在的可能性，而2007年由日本電力中央研究所發表的二十年長期研究論文中表明，精子細胞接受低劑量放射線曝露時發生異變的機率比未接受曝露的樣本低，但是超過1西弗之後，發生異變的機率會大幅提升，顯示出低劑量放射線促使DNA啟動修復機能的可能性，過去在輻射防護領域長

年使用的線性無閾假說，很可能在低劑量是不適用的。

不僅是動物實驗，有一些間接證據也暗示在人體上的激效反應，包括後面我們會提到的1992年在台灣爆發的「輻射屋」事件，雖然在特定族群中的白血病比例有顯著增加，但是其餘的各種癌症機率並無顯著改變，甚至受災戶的文明病比例減少了。

廣東省的陽江是著名的高背景輻射地區，因為該地區地層有大量花崗岩，富含鈾釷等元素，是其他地區的四到六倍，造成當地年劑量超過世界平均的兩倍（約5.4毫西弗），然而陽江約十二萬居民中，罹患肺癌與胃癌的比率都大幅低於全中國的總平均。

日本鳥取縣著名的「三朝溫泉」是典型的鐳溫泉，溫泉周圍的背景輻射是周邊農村的二‧四倍，每年有將近兩百萬人次排隊進來被曝，事實上，不論是肺癌比例或是所有癌症比例，三朝地區居民的罹患比例都遠低於全國平均，甚至周邊農村也低於全國平均值。這些證據都暗示著低劑量輻射啟動的激效反應可能是存在的。

☢ 放射性溫泉主要是鐳和氡溫泉

　　放射能溫泉主要是鐳溫泉和氡溫泉，主要是放射阿伐粒子（氦核）。由日本岡山大學的三朝醫療中心建議的泡法是這樣的：（1）直接泡，和平常泡溫泉沒什麼兩樣，（2）在溫泉裡進行復健運動，（3）敷貼溫泉礦泥，（4）在浴池裡呼吸（其實這是廢話，誰進去以後不呼吸啊），（5）喝溫泉水，（6）溫泉蒸氣浴等六種方式。據說適應症範圍橫跨呼吸器系疾病、風溼性關節炎、消化器疾病、高血壓、動脈硬化、糖尿病，甚至老年醫學領域的疾病。這些療法可不是胡扯的，根據岡山大學的研究，他們針對二十到七十歲的受試者二十名，每隔一天到三朝溫泉的浴場（氡濃度2080貝克/m^3，室溫42°C）進行實驗，每次四十分鐘，經過一個半月之後發現，這些受試者的抗氧化物質增加、免疫機能提升、血液循環變好、貝他腦內啡提升，可見在這溫泉當中必然有某樣東西讓這些人變得更健康了。

　　當然以科學的角度而言，這樣的研究並不足以做為「低劑量放射線具有療效」的確切證據，因為該研究並未與成分類似但不含放射線的溫泉做比較，我們大概只

能說「使用三朝溫泉確實對健康有所幫助」（至少沒有變糟）吧！日本的歷史上有許多名將泡溫泉療傷的故事，包括豐臣秀吉手下的名軍師黑田孝高曾經在土牢蹲整整一年後，到現在位於兵庫縣的有馬溫泉療傷，長野縣的別所溫泉，據說也是日本戰國末年活躍的真田幸村愛用的「隱湯」，不論真實的效果如何，長年征戰的疲勞身軀在泡入池中的那一瞬間應該都獲得療癒了吧！

☢ 對低劑量放射線不用太過恐懼

在日本，至少要每公斤泉水含有111貝克的放射性活度才能被定義為「放射能泉」的溫泉，小於675貝克的稱為「單純弱放射能泉」或「含弱放射能泉」，大於675貝克的稱為「單純放射能泉」或「含放射能泉」，據說在鹿兒島的猿城溫泉，活度更接近10,000貝克。

想想當初台灣國內限制日本進口食品，規定每公斤不能超過370貝克，後來甚至下修為50貝克，另一方面大家又爭先恐後衝到10,000貝克的溫泉接受放射線曝露，

說實在，觀感上真的是蠻衝突的，令人有一種邏輯失調的違和感。

我個人非常喜歡溫泉，雖然經常被提醒可能會有煮蛋的危機，但是每次在日本出遊的時候，只要有大澡堂，還是會不免俗地進去泡個半小時。日本的大澡堂通常都是集體裸湯，程序是這個樣子的：一進去先付錢（廢話），先去上個廁所（因為在浴場偷尿尿是邪惡的），提著自己的衣物進去更衣室後，把衣服脫光全裸，再把自己的隨身物品鎖好之後，用一條毛巾遮住重要部位再進入澡堂。首先要把身體清洗乾淨，因為要進入的大浴池是公共的，如果你不先洗澡的話就太可惡了。洗好澡以後，就可以快樂入池啦！這時候，可以把遮住重要部位的毛巾放在頭上，看起來就非常專業了，然後你可以開始從一數到一百，等數完了之後就可以上岸了。

至於上岸之後要不要洗澡，要看你是泡哪一種溫泉來決定，雖然有時候官方推薦不要沖洗，讓身體吸收礦物質，但是有時候礦物質太過刺激性加上……你知道的，還是建議一律再洗一次再回家吧！至於有些人有裸體恐懼症，我想只要多去個兩、三次就會消除了。

生活中處處都具有放射性物質，事實上大部分的情況下，我們都是沐浴在「低劑量輻射」中，到今天為止，即便有許多動物實驗的直接證據及人群統計顯示出一些正面意義，大概還是不敢說低劑量輻射能帶給我們多少明確的幫助，然而至少在現有的知識下，我們不需要對低劑量放射線有過多不切實際的恐懼，因為這就是科學啊！

> 雖然不確定放射能溫泉是否有療效，但至少不會傷身。

20

高壓電
恐致癌？

台灣自從解嚴以後，各式各樣的抗爭如雨後春筍般出現，但是抗爭總要有個主題，要是想不出題材的話也別擔心，俗話說得好：「抗爭有三寶：電波、電纜、核廢料。」只要掌握這三寶並且循環使用，總是可以巧妙地不沾政治立場又獲得穩定的新聞版面，甚至還可以自稱是「環保團體」，頂著愛台灣、愛鄉土之名，連什麼鍵

盤戰神都得要怕你三分。不過對我來說，這些老愛進行汙名化的「環保團體」真的是讓人非常感冒，因為他們完全是嚴重地汙名化「環保」這兩個字。

☢ 環保應該是一種基於科學的行為

很多人以為環保就是愛地球、愛和平的代表，事實上環保的本質是為了讓人類——也就是我們自己——能夠永續地在地球上繁衍，而維持地球上目前的狀態就稱為「環境保護」。環保必須是基於科學的，否則怎麼決定該砍樹還是該植樹？怎麼決定該捕魚還是不該捕魚？怎麼決定該種西瓜還是冬瓜？環保既不是 do nothing 也不是 do everything，而是在穩定發展的前提下，找出一條免於環境反撲的道路。

認識我的人都知道我是個接近極端的環保主義者，到今天為止我自己還非常堅持環保的，好比說出門一定隨身攜帶購物袋，不然買完東西我就用雙手拿著，非常非常罕見不得已的狀況下，我才會接受店家提供的塑膠袋，這樣的行為大概從小學到現在已經持續二十幾年

　輻射來了，快逃啊！

了，即便現在日本各大商場還是免費提供塑膠袋，我依然維持這樣的習慣。

對於節能，我也力行「媽媽監督核電廠聯盟」所倡導的「減六除四」運動，單人月均用電量僅有50度電（是台灣人均75度電的2/3），除了一年四季都不用空調之外，平時進出研究中心（研究室位於三樓）上下樓也以爬樓梯為主。更別提垃圾分類回收這種小事早就和呼吸一樣自然，平常購買物品時，也盡可能選擇可回收、可再造的素材，除非店家不提供清洗式餐具，否則我是不用一次性免洗餐具的。就是因為自己是非常嚴苛的環保實踐者，所以對於「環保」二字非常敏感，畢竟我們都不喜歡莫名其妙身上沾屎。

我們現在可以回過頭來反思一下，明明電池也是用得好好的，為什麼我們要用高壓電？你看電池多安全啊！還可以隨身攜帶。問題是高壓電可以隨身攜帶嗎？先別提電池可能會爆炸，就說電池本身就不是什麼環保東西，即便進入回收系統，能再生的比例也有限，更別提能源轉換中的耗損以及電池本身的成本，而利用高壓電減少能源傳輸耗損的方式，是二十世紀最重要的發現之

一，這也是為何我們可以使用價格親民的穩定電力的理由。

這時候就有人會說：「我不反高壓電，我反高壓電塔。」這很蠢啊！沒有電塔和變電器要怎麼變壓、分流？難道直接把一千伏特的電隔空送到你家嗎？即便是目前正在研發中的太陽能衛星微波傳輸，也是需要在地面規劃處理站的，哪來的隔空送電？所以只好把口號修正為「我不反高壓電塔，我反高壓電塔在我家旁邊。」

其實這種會糾結於「反什麼東西在我家旁邊」，多半只有一個理由，就是擔心這東西對我的健康產生影響，這些反對者還會舉出：「我現在很健康並不代表明天還能繼續健康」這種預言學的觀點，要不然就是：「你看看王家養的那條狗都得癌症了，你還說與高壓電無關？」之類的超科學論點。由於知識不足又說不出個所以然，只好揮舞著環保大旗，因為只要凡事拿環保出來扛，就沒人敢說話了。

美國癌症協會（一個出版癌症權威期刊的組織）公開表示：目前並沒有確切的科學證據顯示高壓電纜產生的極低頻輻射（Extremely Low Frequency）與癌症或

其他疾病的關聯性。他們舉出了四個非常著名的動物實驗，把動物曝露在二到五萬倍於平時我們生活所處的磁場強度中觀察，結果這四個動物實驗中，有三個無法觀察到任何癌症機率的差異，甚至有些癌症機率反而降低了；而唯一看到甲狀腺癌機率上升的那個研究，也僅僅在雄性大鼠實驗中觀察到，而不論是雌性的大鼠或小鼠研究中依舊毫無斬獲。而世界衛生組織下的國際癌症研究機構是直接把超低頻輻射放進非游離輻射的範圍，該機構第80號報告表示，極低頻輻射產生的電磁場強度約為0.01～0.2微特斯拉（μT），相較於我們每天必須「被曝露」的地磁強度25～65微特斯拉根本是微不足道的。雖然從1979年開始，有人研究關於電磁波與各式小兒或成人癌症的關聯性，截至目前為止，在科學上還是找不到其間確切的關聯性。

從環保的角度而言，雖然我們都聽過高壓閃電劈死人，但從來沒聽過高壓電所產生的極低頻輻射對環境會有什麼衝擊；從健康的角度而言，也沒有任何的疑慮。有時候我真的很想問：「你們真的搞得清楚自己在反什麼東西嗎？」現在是開放的社會，事實上絕大多數的資訊都是透明公開的。前衛生署長楊志良先生曾經在鍵盤

戰的時候脫口說出：「WHO的文獻下載全免費，是全球一流學者及衛生部長們的心血。」過去出版社為了賺錢，多半會築起一個叫做「入會費」的高額門檻，隨著這幾年資訊開放的風潮，加上作者成本轉嫁的結果，一些新的研究成果都已經可以讓任何人免費取得了。如果你不相信政府，那就去讀科學論文；如果你不相信科學論文，那就自己去做實驗與測量。倘若你不會做實驗又不相信專家、不相信政府，而且也拿不出一丁點證據支持你的論點，難道要我們現在從「已知用火」（網路流行語，指像原始人一樣剛學會用火）開始反思這一切嗎？科學是站在巨人的肩膀上，而無知是與生俱來的「偉大」力量。

" 沒有足夠的科學證據證明極低頻輻射致癌。 "

21

福島核災後，
日本的食物還能吃嗎？

回過頭來談談前面提過的進口食品問題，台灣當時定義所謂的「福島核災災區」包括了福島、茨城、栃木、千葉、群馬五個縣，只要是這五個縣生產的食品，無論有沒有輻射檢驗證明都不能進口，而其他縣市的產品則需要檢附輻射檢驗證明，結果產生了一個非常有趣而弔詭的現象：台灣的廠商不能合法進口販售在這些產地生

產的包裝產品，好比說某某奶茶或某某杯麵，但是民眾如果來日本旅遊的話，不僅隨處可買，回台灣還可以帶一些當土產贈送給親朋好友。

☢ 先了解事情本質，才不會陷入恐慌

各位看倌請瞧瞧，這到底是什麼樣的奇妙畫面？難道說日本人被炸過兩顆原子彈所以基因比較防輻射？還是說同樣的奶茶在日本沒有輻射，坐個飛機來台灣就會有輻射？

當然不是，這一切的規定不過是政府為了安定民心所訂定的因噎廢食條款，違規進口自然是要受罰，但是我們必須了解這些事情的本質，才不會陷入莫名其妙的人人自危當中。

我2013年準備要到日本念書的時候（大地震後二年），有其他留學生在PTT上發問，大意是說他的父母很擔心日本的食物被輻射汙染了，吃了可能會死掉之類的，想請教一下網友有什麼好的建議。當時有一堆亂七八糟的謠言，有些人說他的誰誰誰懷孕到日本玩，結果

回台灣之後被測量到身上有輻射（到底怎麼測的到今天還是個謎，反正有人說有就有，是不是真的根本沒人在意），然後醫師建議她要墮胎之外，還說三年內不准再懷小孩；有的人拿出一些自己看不懂的數據來腦補解讀，聲稱福島地區的小孩得到甲狀腺癌的機率是之前的幾倍，完全無視數據來源與原報告的分析解釋。更別說這幾年甚至還有立委拿著在東京迪士尼附近工廠生產的食品，痛心疾呼政府草菅人命，放水「輻射食品」入台，毒害國民健康，彷彿我們這些生活在日本、每天吃這些東西的人都是陽壽將盡一般。我們可以去東京迪士尼吃烤火雞腿、買維尼爆米花，但是不能喝旁邊工廠生產的奶茶，這邏輯不是怪怪的嗎？

311海嘯之後的這幾年來，很多網路流言是這麼說的：「福島核災導致很多小朋友得到甲狀腺癌。」民眾聽到都嚇傻了，結果事實上從2011年到2014年三年間實際的甲狀腺檢查裡發現，在296,253位個案當中，發現結節的有3,896例（占1.3％）、囊腫的有141,716例（占47.8％），是不是覺得好高好高？但是同時去調查離福島很遠的長崎、青森及山梨三個縣（共7,100人），測到的結果居然分別是結節0.7％、1.6％及

2.0％、囊腫42.5％、56.9％及69.9％，福島的結果並沒有比其他地區特別高、也沒有特別低。另外，後來福島青少年確診為甲狀腺癌的僅有109例，只占所有檢查人數的0.03％，甚至低於全日本平均值的0.5％。

奇怪，我看媒體都說「世界衛生組織評估福島的小朋友甲狀腺癌會增加70％的風險」，怎麼反而說福島的統計數據比全日本平均值低，到底哪個對？首先，世界衛生組織2013年報告中的「增加70％的風險」並不是風險從0變成70％的意思，而是以原本的風險0.75％做為基準，增加「0.75％的七成」，變成1.25％。其次，這是一個劑量「評估」，是依據保守的線性無閾模型所推算的，並不是實際的統計結果，所以你會發現這些評估的數據未必和實際的統計數值吻合。很多時候你不了解這用詞的眉角就很容掉入陷阱了。

☢ 所有放射性物質都會衰減

好吧，就算不管福島居民的死活，我們關心自己的身體健康總可以吧！日本輸出的食物到底能不能吃？政府

的把關到底合不合理呢？前陣子讓很多人崩潰的東西叫做日本茶，當時的情況大致上是這樣，有人質疑「日本綠茶抽驗都有輻射」。不要說日本綠茶抽驗有輻射，講過很多次了，台灣香蕉不用抽驗，整批都有輻射。又有人說：「廠商很黑心，明知產品驗出來有輻射，但是因為符合國家標準，所以邪惡的政府放水讓他們賣。」如果符合國家標準還不能賣，那什麼東西可以賣？我們要吃什麼？台灣人會行光合作用？還有人說：「廠商昧著良心騙消費者說，輻射茶泡成茶湯，輻射量就變少了，所以進口大量黑心日本輻射茶。」

姑且不論廠商到底有沒有使用日本茶，假設廠商超級黑心並且購買含有銫-137的輻射茶，整批比活度（specific activity）都達到日本法規上限。我們知道0.1毫克的純銫-137約3億貝克的比活度。以日本標準，茶葉含銫-137的比活度必須小於每公斤500貝克，如果你一次吃掉1公斤的比活度為每公斤500貝克的純茶葉，將會受到6.5微西弗的曝露，以最保守的線性假說做評估，將增加癌症風險0.0000312％。以台灣地區的癌症統計資料來說，你這一生得到癌症的機率本來是50％，現在變成50.0000156％，真的是太驚人了！接著就有人

問我了，要怎麼樣一次吃掉1公斤的純茶葉？如果你覺得乾乾的不好下嚥，那就加50,000cc的水泡成茶湯吧！我想如果你一次全部服用完畢的話，的確有生命危險。

所以說，到底日本的食物能不能吃呢？大家有沒有聽過一種賣得很貴又搶破頭的東西叫做「廣島牡蠣」？沒錯，就是那個世界上第一個被核彈轟炸的地方——廣島。為什麼那些人那麼蠢，明明知道有輻射還要搶著吃？這些人是被下降頭了嗎？當然不是。我想很多人都聽過「放射性物質是萬年遺毒」這種似是而非的觀念，事實上所有的放射性物質都會衰減的，也就是說，隨著時間的推演，放射性強度只會愈來愈弱，倘若再考慮氣候的因素，衰減的速度會更快，這就是為何即使像廣島這個被原子彈轟炸過的城市也能出產讓人安心的美味牡蠣了。

事實上，日本福島縣內除了福島電廠周邊小範圍的地區外，絕大部分鄉鎮的輻射劑量已經回歸到與其他縣市無異的數值了，福島縣產的米也在去年通過了輻射安全標準的檢驗，現在不僅在日本國內各大通路可以販售，甚至外銷到包括出了名嚴格的新加坡等世界各國，與其擔心食物裡含有極微量、對人體根本無害的輻射，不如少吃點甜食防止心血管疾病還比較實際啊！

未檢出不等於零檢出

很多民意代表在電視上宣稱為了捍衛民眾健康,要求某某產品毒物零檢出,其實這是非常荒謬的。首先,機器測不出來的東西不表示不存在,僅能說明以該儀器的靈敏度極限無法探測到該種物質,所以沒有所謂的「零檢出」只有「未檢出」。其次,就算儀器顯示某種程度的微量毒物,也未必代表毒物存在,因為微量數值可能只是環境干擾因子造成的雜訊,這和儀器測量的誤差範圍有關。最後,即便是真的檢驗出可信的數值,也不代表這個量級的毒物足以帶給人體損害,必須知道該毒物的劑量與生物效應的關係才能判斷。

> **在輻射劑量嚴格把關下,你買到的食品應該都可安心食用。**

22

機場檢查行李
的 X 光機
會讓我不孕嗎？

我自從念碩士以來，因為經常要參加國際研討會，常有搭飛機的機會。搭飛機是一件很麻煩的事情，因為大家都很擔心發生意外，所以不論是飛機本身或乘客都必須經過非常嚴格的安全檢查。如果大家有搭飛機的經驗就知道，除了要提早跑去航空公司櫃台排隊報到，最煩人的就是要排隊通過像是障礙賽一般的安檢，確認完全

沒問題之後，才能放行讓你準備登機。

☢ X光行李檢查是很安全的手續

　　一般來說，安檢最多會通過三道手續：首先，你要把全身上下的配件、外衣、背包、電腦，甚至皮鞋全部脫下來，分別放進籃子裡，讓所有的東西經輸送帶進入X光機檢查，這邊的X光機可是貨真價實的X光機，可以發射和診斷用X光機相當能量的X光（約150千伏）。根據法規，檢查行李所使用的X光機的屏蔽設計必須符合「在表面5公分地方的劑量率要在每小時5微西弗以下」，這樣算是很危險嗎？可以假想一個情況，如果你遇到了一位極度龜毛的奇怪航警，硬是檢查你的行李十次，如果每次以垂直X光機5公分的距離經過該機器要花5秒，那麼每次通過的劑量就等於5微西弗/3600秒×5秒=0.0069微西弗，四捨五入後將近是1/10根標準香蕉（0.1微西弗），那麼十次就是一根標準香蕉了，所以說事實上X光行李檢查是非常安全的一道手續。

通常行李放在輸送帶之後，我們會通過一個金屬探測器的門，主要是檢查你身上是否有夾帶像是刀槍砲彈之類的兵器，這個金屬探測器是利用低強度磁場做為檢測的工具，當你身上帶有金屬的時候，就會擾動原本的穩定磁場，這時候就會引動警報器，使得這個門開始ㄅ一ㄅ一叫了。電磁感應當然是輻射，不過是非游離輻射，所以目前為止好像還是非常安全。

如果你去美國，有時還有一種檢查，就是讓你站在一個透明小間裡，雙手舉高高，忽然就來個快速 X 光的全身掃描，這種「反向散射軟 X 光系統」主要是利用低能量 X 光照射受檢者，再藉由反射的 X 光偵測一些太軟或太硬的東西。因為這個系統是使用低能量的 X 光，所以當然是帶有游離輻射的，不過根據文獻指出，這種掃描器每次掃描大約只有不到 0.05 微西弗，也就是半根標準香蕉。

☢ 輻射劑量最高其實是在起飛後

不過這還不是劑量最高的，整個旅程輻射劑量最高的其實是起飛之後。根據文獻指出，民航飛行的有效劑量率大約是每小時2.4微西弗，也就是說，每飛一小時就等同於二十四根標準香蕉。如果我們從台北出發，想去東京（三個小時），就是七十二根標準香蕉；想去北京（五個小時），就是一百二十根香蕉；想去紐約（十七個半小時）就是……我的肚子覺得有點脹，你可能會想問：「可不可以只做安檢不要搭飛機了？」

講到這裡，你可能會想到一件很微妙的事情，我們可曾看過穿著和《回到未來》的布朗博士一樣裝扮的空服員？沒有，大家印象中的空姐總是美美的，穿著非常能展現優雅氣質的制服、講話輕聲細語地在機艙內為大家服務。問題來了，每天這樣在空中飛來飛去，不就等同於香蕉狂熱分子、蕉農救星了嗎？根據民航法規定，一個月之內的總飛航時間不得超過一百小時，一年不超過一千小時，如果他飛得滿滿的話，根據文獻的劑量率來換算，一整年接受的宇宙射線曝露，一共是2.4毫西弗，遠低於國際輻射防護委員會所建議的「一年20毫

西弗以內」，可見得和被宇宙輻射曝露到死比起來，過勞死的機率可能還高一些。

我們也可以反過來思考，如果要藉由坐飛機達到致死劑量到底要飛多久呢？一般來說，絕對的致死劑量大約是8西弗，也就是8,000,000微西弗，總飛行時數必須要達到三百三十三萬三千三百三十三小時，也就是說，你必須在空中連續飛三百八十年不落地才能達成這個目標，果真是絕對會「致死」的飛行時數啊！

根據統計，每一百萬小時的飛行會有12.25人因為空難而喪生，那麼每一百萬小時的飛行就會累積2.4西弗的有效劑量嗎？事實上這樣的計算是有疑義的，因為每個單次飛行的劑量應該要獨立計算。我在這邊舉個例子，2013年美國路面交通事故的機率是「每一百萬輛載具一公里會發生6.8次交通意外事故」，意思是說，每一輛車開一百萬公里或同時有一百萬輛車開一公里的情況下，會發生6.8次交通事故。這個機率只和你「有沒有把車子開出去」有關，和「你開了幾次」無關，也就是說，每當你決定把車子開到路上時，這個機率就生效了，而每次都是獨立的，並不會因為你多開幾次，風險

就變成13.6、20.4。在這個概念之下，每次單趟的東京之旅，就是七十二根標準香蕉，不會因為你買了來回機票，所以風險就變成一百四十四根標準香蕉（但是期望值會加倍，這又是另一個問題了）。

　　不論如何，從安檢到飛行，雖然一路上都遭受放射線無情地曝露，但是在這些過程當中，我們可能接受的輻射劑量都是很低的，其實不用真的花太多精力去思考這些輻射劑量對人體的危害，反倒是記得手提行李不要放單件超過100cc的液體，上機之後注意安全門及逃生裝備的用法，才是實在有意義的事情。另外，對空姐態度好一點，因為你永遠不知道她們拉上簾子後會做什麼事。

不論是行李 X 光機或是飛行時的宇宙輻射，劑量都是非常低的。

23

晒日光浴
要烤到多熟比較好？

台灣這幾年來非常流行黑肉正妹，很多我喜歡的藝人都是黑肉系的，像是張鈞甯、辛芷允、林可彤之類的，或是日本的武井咲、內田有紀（雖然我內心永遠的本命是北川景子），那種膚色如果是在女生身上的話叫做「健康小麥色」，男生則叫做「古銅色」。皮膚黑會讓人有一種「經常在外面活動」的印象，如果又加上精瘦的

身材，就會升級為「經常在外面活動並且熱愛運動」的健康形象，雖然我們身邊都有很多皮膚黑的胖子。

☢ 日光浴存在紫外線曝露風險

有些人是天生皮膚就黑，有些人是專程去海邊晒黑，甚至現在一些美容中心還有幫你人工烤黑的高科技儀器。我自己是天生白肉，即便是很努力去晒太陽，只要幾天沒持續晒就會立刻白回來，像我當兵新訓的時候天天烤肉，一下子就焦了，結果一下部隊到內勤單位，沒幾天就和白斬雞沒兩樣，雖然有很多女生羨慕我的天生麗質，但是對於以「成為嵐山渡月橋旁的帥哥人力車伕」為目標的我而言是非常困擾的。

日光浴的主要成分是太陽光，光譜橫跨了紅外線、可見光、紫外線，其中紫外線的能量約占太陽光總能的8％。當然我們都知道紅外線和可見光都是非游離輻射，照再多也不會死，不過「紫外線是游離輻射嗎」？有人說是，有人說不是，答案都對也都不對，事實上紫外線的光譜恰好連接著可見光與X光，所以它有一部分

是非游離輻射，一部分是游離輻射。令人驚訝的是，做日光浴所存在的風險主要並不是來自游離輻射曝露。

對於紫外線，首先大家要知道的是，紫外線並不是紫色的，因為是「紫色之外的光射線」，除非你有什麼超自然力量，否則一般情況下肉眼是看不見紫外線的。太陽所發出的紫外線可以分為UVA（長波長，約95～99%）、UVB（中波長，約1～5%）、UVC（短波長，幾乎被大氣層吸光光）三種，我們都知道波長與頻率成反比（國中物理），又知道頻率愈大能量愈強（高中物理），由此可知UVC是紫外線中最危險的一段，也是開始成為游離輻射的一段。好家在，紫外線和其他游離輻射比起來相對是低能的（能量低的意思），基本上連空氣都可以擋得下來，所以理論上絕大部分的紫外線在進入地表前都應該已經被臭氧層給吸收掉了。但是也別高興得太早，因為近幾年臭氧層被破壞的原因，大氣層防禦紫外線的能力愈來愈差，如果沒有適當的防晒還是會非常衰的。

既然只有UVC是游離輻射，而且絕大部分被擋在大氣層外，我們是不是可以安心接受UVA與UVB的照射

紫外線指數分級

紫外線指數	環境級數	圖示	晒傷時間	防晒策略
0～2	低量級	綠		
3～5	中量級	黃		
6～7	高量級	橙	30 分鐘內	帽子／陽傘＋防晒乳＋太陽眼鏡＋陰涼處
8～10	過量級	紅	20 分鐘內	帽子／陽傘＋防晒乳＋太陽眼鏡＋陰涼處＋長袖衣物＋ 10:00 ～ 14:00 不外出
11+	危險級	紫	10 分鐘內	帽子／陽傘＋防晒乳＋太陽眼鏡＋陰涼處＋長袖衣物＋ 10:00 ～ 14:00 不外出

防晒係數效果

PA	PFA	延緩晒黑時間
PA+	PFA 2～4	2～4 倍
PA++	PFA 4～8	4～8 倍
PA+++	PFA>8	8 倍以上

呢？完全不是這個狀況！事實上紫外線傷害DNA的方式並不是因為游離，而是DNA可能遭受UVA所產生的自由基（free radical）與活性氧類（reactive oxygen species）產生間接斷裂，或是 吸收UVB後直接斷裂，因此即便是非游離輻射的紫外線波段仍不能等閒視之。大家都是知道晒傷是很慘的，幾個小時之內就會開始紅腫，然後痛個一、兩天，接著就會開始變黑，然後脫皮。當然你也可以往好處想，DNA破壞多半一天就修復完成了，反正一個禮拜之後又是一條好漢，不過真相是經常接受紫外線的曝晒會造成皮膚老化甚至增加皮膚癌的風險。

早期大家比較關注UVB，不過現在我們愈來愈重視UVA的傷害，一般去買防晒乳的時候可以看到兩種防晒指數，一種叫做SPF（Sun Protection Factor，防晒係數），這是專門針對UVB所設計的指數，意思是你擦了之後可以延緩晒傷的時間倍率。而針對UVA防護的時間倍率則有很多種版本，我們常見的PA（Protection Grade of UVA）是日本的規格，因為在台灣大家都買日貨，所以經常看到，可以分為PA+、PA++、PA+++三種，分別代表可以延長曝晒時間。好比說有一瓶SPF 50

PA++的防晒乳，假設你平常晒十分鐘就會黑，那麼擦了之後，就能防UVB五十分鐘，防UVA四十到八十分鐘。在選購時，當然就是選數字愈大、加號愈多的防晒乳是最好的了，此外，最好在出門前十五分鐘到半小時就擦，才能在踏出家門的那一瞬間產生效果。不過這東西就像宇宙超人的變身一樣，是有時間限制的，絕對不是擦完之後一整天就沒事了，如果想要持續防晒的話，絕對要定時補充才能達到效果，而且很遺憾的是，現在大部分的防晒乳無法有效阻斷所有波段的UVA。也就說是我們擦了防晒乳出去晒太陽，把相對有益處的UVB全擋掉了，但是幾乎都是壞處的UVA卻擋不乾淨。

☢ 一天晒十五分鐘即可

談到這裡，大家應該開始感覺到矛盾了。我們明明就是要出來晒太陽的，擦了防晒乳結果好處全沒了，那我們還出來晒個屁啊！這感覺跟穿羽絨衣吹冷氣感覺根本是同一個等級的愚蠢。不過命是自己的，你當然有權決定要怎麼決定命的寬度與長度，但是以避免加速皮膚老

化、增加皮膚癌風險的角度而言，就是不要晒太陽、不要晒太陽、不要晒太陽，如果要出門，就是包起來、包起來、包起來。如果我們只是卑微的想要獲得每日所需的維生素D，通常臨床上的建議是晒個十五分鐘意思意思就好了，再晒下去又要再次陷入爭論紫外線利弊的地獄輪迴了。

" 不論如何都要盡可能避免長時間曝露在紫外線之下。**"**

紫外線是不是致癌因子？

我們都知道游離輻射（一般所知道 X 光頻段以上的電磁波或粒子輻射）已經被確認為一級致癌因子，也就是說我們已經確認它們是致癌物了，不過做為腳踏兩條船、橫跨游離與非游離頻段的紫外線，在 1992 年時曾因為證據不足而被國際癌症研究機構歸類為 2A 級致癌因子，和牛、豬、羊肉這些紅肉一樣。

到了 2006 年， 國際癌症研究機構在增加統整了十多年的文獻之後，發現證據已經足夠支持紫外線為致癌物，因此 2012 年重新將紫外線移到了一級致癌因子，也就是正式確認紫外線為致癌物質。所以出門最好還是擦個防晒比較好。

24

從小住在輻射屋，
長大就會成為變種人？

幾乎所有漫威漫畫（Marvel Comics）中的主角都是輻射線的受益者，好比說，蜘蛛人（被輻射蜘蛛咬到，交換DNA）、浩克（被自己的加馬炸彈汙染到）、鋼鐵人（方舟反應爐）、驚奇四超人（宇宙射線）、X戰警全體（一大堆就不講了）等，讓我這種熱愛科幻的小朋友嚮往不已，每次去醫院照完X光，就迫不及待回家試

試看能不能用眼睛發出鐳射光。這種想法在上輻射生物學的第一堂課就被老師打臉了：「輻射只會讓你得癌症，不會讓你變成超人。」這結局真的太殘酷、太悲傷了。

☢ 住在輻射屋的人並不會發出輻射線

1992 年，我還是小學生時，台灣爆發了轟動一時的輻射鋼筋事件，堪稱原能會史上最大醜聞，因為據說早在 1985 年時就已經發現此事，但是不明原因並沒有第一時間對外公布，甚至壓在案底七年（看起來多麼像是沒有想過要拿出來的樣子），直到被媒體揭露才東窗事發。所謂的輻射鋼筋，主要是做為建材的鋼筋不知何時混入了放射性鈷-60，原能會追查之後發現某機關涉嫌重大，但是該機關到目前為止不承認也不否認，留下了令人想「有罪推定」的想像空間。

鈷-60 的應用其實非常普遍，早期直線加速器還不流行的時候，鈷-60 是用來進行放射治療的主力，鈷-60 的半衰期大約五年四個月，所以醜聞被掀開的時候，

放射性活度已經降到一開始的1/4左右了。推估1982年時，某些房子擁有最高年劑量甚至高達將近1000毫西弗，不過經過三十多年後的今天，已經度過了大約6.5個半衰期，假使當時的輻射屋保存到現在，年劑量也已降到1％左右，因此當時達到接近1000毫西弗的地方，現在也僅剩下10毫西弗左右了（實際上那些高劑量的鋼筋當時已全數被移除了）。當時媒體除了撻伐建商之外，也不免俗地批評主管機關的原能會掩蓋事實，讓民眾活活曝露在放射線長達十年之久，簡直草菅人命，原能會也不得不出面善後，專業權威形象大受打擊。

　　我家不是受災戶，大概也很難體會受災戶的真實心情，除了某一些人把這個慘痛教訓轉化為政治資產以外，據說當時住在輻射屋的居民遭到嚴重的風評迫害，畢竟那時候這本書還沒上市，大部分的人對於輻射的知識是很有限的。很多人以為住在輻射屋裡的人出了大門就會發出放射線，所以不敢和受災戶居民交朋友；也有居民覺得自己被曝露了放射線，讀了一些資料之後覺得自己來日無幾，日夜活在恐懼之中。但事實上，經過二十年的追蹤調查發現，和非受災戶相比，大於100毫西弗的受災戶罹患甲狀腺癌與白血病的機率顯著增加了；

而低於100毫西弗的受災戶，僅有白血病的機率增加。

值得注意的是，這些顯著性只在2002年（也就是輻射屋蓋好後二十年，事件揭露後十年）之前具有顯著性，2002年之後因為受災戶的造血機能恢復，因此各種癌症的罹患率已經和一般民眾沒有差別了，事實上，一些相關研究還顯示出，受災戶罹患文明病的比例反而比一般人低。換句話說，2002年之後，不管你是不是受災戶，大家都是一樣的了。

☢ 知識，才是真正的防護罩

時至今日，輻射對人的傷害究竟是什麼？是高劑量的確定效應嗎？不是。是癌症風險嗎？也不是。輻射對人真正的傷害是「因為無知所造成的精神壓迫」。記得在日本311震災的時候，即便當時沒有任何人直接因為輻射而死，卻有一些在福島電廠附近的居民自殺，有些人覺得自己遭受到曝露之後會生不如死，所以先自行了斷；有些人受不了其他人的異樣眼光，所以自殺了；有些人覺得再也回不到自己的家園，崩潰了、墮胎了、自

殺了。不論是從環境或是自身，各式各樣的絕望理由，讓人的心智扭曲了，這才是輻射最恐怖的地方。

然而，就像小時候的我們也會害怕打雷、怕鬼、怕老師，恐懼往往來自於無知（就像是我們要和女生告白前，不知道她會不會答應也會很害怕），放射線無色無味無臭，大家又沒上過輻射劑量學、沒用過輻射偵檢器，誰知道自己現在曝露了多少？誰知道曝露了會發生什麼事？對於不懂的事，一般人最保守的處理方式就叫做「寧可信其有」，於是恐懼就這樣滾雪球般無限擴大，最終成了雪崩。結果原本不會送命的人送命了，沒送命的人繼續遭受無知的摧殘，直到送命。

很多人說這不是科學的問題，是政治的問題，我倒是認為「這不是政治的問題，這是沒讀書的問題」。做為一個科學人，我們遇到問題的第一個反應是「現在該怎麼解決這個問題？」而不是「誰應該出來負責？」負責很容易的，解決問題是困難的，以多數鄉民操作鍵盤的熟練度而言，當然是選簡單的來做啊！問題是「負責」之後，還是得解決問題的，有高劑量風險的鋼筋得移除，受曝露的民眾需要健康追蹤，實際上，受高劑量

曝露的人需要醫療協助，受低劑量曝露的人什麼事都不會發生，這就是科學能告訴我們的事情。輻射不會因為你的恐懼而變強，也不會因為你的輕忽而變弱，是怎樣的射源、有多大的活度、放出的能量是多少、讓人曝露多少劑量，才是決定接下來會發生什麼事情的依據。倘若一般民眾也具有正確的輻射知識，我們就不會有那麼多的風評被害（指因空穴來風的傳言，致使個人或團體無辜受害），也不會有那麼多莫名其妙的文創商品，事實上，很多悲劇都是可以避免的。輻射不該是有心人士的印鈔機，我們對於放射線謹慎但不裹足、大膽但不鬆懈，唯有知識，才是真正的防護罩。

"

輻射不會讓你獲得超能力，所以必須小心劑量過高的問題。

"

25

核廢料放我家
真的沒有問題嗎？

　　「核廢料放你家」是一種早期核能論辯中的大絕招，意思就是說「要是你敢把核廢料帶回家堆放，我就相信你說核能很安全」。

　　通常這種話是完全沒有任何意義的，因為不管我想不想把核廢料帶回家，就現行法規而言都是做不到的，所以嗆出這句話叫做「進可攻、退可守」，因為對方要是

不敢承諾帶回家，那麼就可以全盤否定他前面的論述；要是他反嗆「放我家就放我家」，他也做不到，你就可以噓他講空話，不愧是大絕招中的大絕招。不過話說回來，假設法令規定可以把自己的發電廢料帶回家，核廢料帶回家會發生什麼事情？

「核廢料放你家」這個概念其實是建立在另一個叫做「核廢料不能處理」的錯誤觀念上，一般人想像得到的核廢料，大概就是滿坑滿谷的鏽蝕鐵桶堆在某個空間，然後如果鏽蝕過度就可能會破洞、漏東西出來造成土壤汙染，最後導致寸草不生、萬物死絕。

事實上，核廢料處理並不是這麼一回事。首先我們要理解的是，所謂的「核廢料」或者「放射性廢棄物」主要可以分為「低階放射性廢料」與「乏燃料」兩種。「低階放射性廢料」多半來自一些放射性作業、醫療輻射廢棄物、實驗用輻射廢棄物等，它們和核電廠燃料的關係比較小，任何有核子業務的先進國家，就算沒有一台核能發電機也會產生相關的廢料，這些廢料通常會先把它壓縮成小小的，再用水泥包裹起來，防止輻射外洩。另外一種「乏燃料」，則是貨真價實和反應爐有關的東西，它是經過核衰變、發過電之後所剩下來的東

西，具有高放射性，但是活度不足以再有效率地發電，所以過去是稱之為「高階核廢料」，不過近年來一些正在發展的技術，正試圖讓這些「乏燃料」重生，讓它們能夠再次拿來發電，那又是另一個故事了。

　　如果我今天想要把核廢料帶回家，那麼依據比例原則，我只把自己用過的核廢料帶回家應該是合情合理的吧！假設一個人一生的用電量是72萬度電，而且這些電全部都來自於核能發電的話，以目前的核廢料減容技術每度電0.9微升來算，他的廢料大小將高達648立方公分！好……小啊，比寶特瓶裝的汽水大一點點。好吧，小歸小，它還是得有屏蔽，因為如果你把這個鋁罐大小的核廢料直接堆在家裡的某處，每個人都不敢靠近那個地方了，所以我們必須使用金屬加上混凝土做一個「家用乾儲桶」進行輻射屏蔽，讓乾儲桶外部的輻射劑量符合「每年不得超過0.25毫西弗」的輻射防護法規，這個前提之下，完全是可以高枕無憂的。所以說，「核廢料放你家」本身是一個利用無知恐懼所製造出來的假議題，只要法規鬆綁，在輻射安全兼顧的前提之下，核廢料當然可以放我家。

我們身為在放射線科工作的人，自己也是核廢料生產者。包括核子醫學科的各種放射線藥劑、放射腫瘤科用來治療的放射性金屬，只要醫院每天開著，核廢料就一直產生，你問我可不可以不要產生核廢料，當然可以！不要診療病人就可以了。事實上在核子醫學科裡一些藥劑所使用到的核種是來自於核反應爐的，像是「鎝-99m」的原料「鉬-99」就是從鈾的核分裂所得來的，如果我們致力於消滅核反應爐，也就幾乎等於消滅自己的性命，因為很多疾病將再也無法診斷了。

對一個科學家來說，所謂的「正反兩面」並不是等重的。有些人會說：「雖然你提的這些東西有科學證據，但是也有人說如何如何如何。」這種似是而非的話很容易把不了解的人誘導到所謂的「兩種意見都很重要」或是「兩邊一樣爛」的邏輯，完全是思考上的陷阱與盲點。事實上，在科學的領域中，我們不能只看單一研究的結果，必須要從數以萬計的研究論文中，以客觀的角度抽絲剝繭才能歸納某個特定現象可能的面貌，這也就是為什麼我們通常認為國際性大組織所提出的報告較為可信，因為那些報告都是全世界最專精的專家學者，埋頭檢視現有的科學證據所整理出來的結論。

然而，你總是會找到若干和所謂的「主流學界」不同的觀點，因為科學的世界是自由的，任何人都可以提出自己的假說，然而，一個假說最後是成為學說或是廢紙，關乎這樣的假說是否能在其他人手中無限制地重複，而那些冷僻的假說多半是無法重複的。因此，正反意見未必能夠等重地放在天平的兩端，做為一個非專業領域者更應該要小心這點，所謂的客觀並不是躲在「各打五十大板」的背後偷渡錯誤資訊，而是依照證據「有罪責百、無罪開釋」，這才是科學的態度。

　　放射線的缺點，感謝各大媒體經常報導，連一般民眾都已非常了解。幸運的是，時至今日，經過了無數的科學實驗以及一些核子事故的經驗，我們已經非常了解放射線，好比說輻射劑量對我們的健康有怎麼樣的影響、要怎麼防護才能讓我們安全無虞、哪些東西會自己產生放射線、可以用怎樣的方法自己生產放射線，這些問題幾乎都是有解的，最關鍵的是，我們需要專家來處理這些問題，而不是一些煽動式的民粹口號。

❝
只要封裝合乎法定標準，就算是核廢料也不會對人體有害。
❞

科 學 是 指 引 我 們 前 進 的 燈

　　從小我父母就塞給我許多偉人傳記，像是牛頓、愛因斯坦、愛迪生、史蒂文生之類的故事書，因為每次上大號的時間很長，這些偉人們就這樣陪伴著一個懵懂無知的小孩度過無數個體內環保的時光，所以我最初的夢想就像許多小朋友一樣，是成為一位科學家。以前心目中的科學家是穿著白色實驗衣、雙手各拿著一支裝著不明液體的試管倒過來倒過去，最後炸掉一整個實驗室的怪異鬍子先生，不過現在自己真的成為科學家之後，才知道這世界上也是有這種每天在電腦前面寫寫方程式、算算數學、做做影像處理的科學家。

　　有一次和一位歷史系的學弟出去，我告訴他：「科學是指引我們在黑暗中前進的燈。」人類過去數千年的文明，遭遇多少的阻礙，經歷多少的災難，我們都用科學一一度過了，還有什麼比科學更值得依賴的嗎？他立刻反問：「你認為科學代表的就是『前進』嗎？科學是

進步的代名詞嗎？」事實上我無法這樣說。就像是過去我們說達爾文提出的是「進化論」，現在改稱為「演化論」，就是因為無法說某些在生物構造上的改變是「進」還是「退」。所以要在此嚴正澄清我所說的「前進」是指在座標上「軌跡」，而不是「位移」，我可不是專業的霸權啊！

我想沒有人會否認，現代人處理任何事情都必須倚賴科學方法，不僅是自然科學的問題，甚至社會、歷史、經濟、法律，無一不以科學方法為宗進行研究，因為我們相信以系統性的推理與分析，可以讓我們更接近真相一步，我們每天早上一睜開眼睛，所看到的一切全都離不開科學，手機是科學、牙刷是科學、水龍頭是科學，就連去巷口買的火腿蛋、奶茶不加冰都是科學，人類從「已知用火」的那一刻起，就和科學密不可分了。科學就是在不斷試誤中尋找出世界上的規律，而這些被我們發現的規律將成為人類的共通經驗。

過去經常在網路上或現實生活中和別人討論議題，很多時候會陷入所謂的「理組思維 vs.文組思維」的泥

淖，有些人會告訴我「理性而言是如此，但情感上我不能接受」，這時候我們就應該要回頭檢視「造成情感上不能接受的東西」到底是什麼？社會並不是單靠科學就可以運作的，我們還有社會規範、法律、有人與人之間的相處，各式各樣的「默契」存在於我們的生活之中。所謂「情感不能接受」的根源，就是「原本我覺得應該要這樣，但是現實居然不是這樣」，因為在意識型態上受到衝擊，所以變得不能接受。

好比說，從小我們被教育「追女生一定要對女生有溫文儒雅、彬彬有禮，不能做出讓女生傷心的壞事。」原本以為這樣就可以打動心儀女神的心，沒想到真相卻是「只要你夠努力，最後一定會成為備受重用的工具人。」於是我們這些魯肥宅就崩潰了，因為現實太殘酷了。其實關鍵就在於一開始就被錯誤的資訊（只要你當個好人就可以追到女生）引導到錯誤的地方，當這個錯誤的想法形成了意識型態，並且跟現實衝撞，最後絕對讓人頭破血流。我們必須認清真實世界是這樣運作的：只有帥的男生能吸引女生，然後有錢最帥。 並不是那些溫良恭儉讓的人格特質不重要，而是這世界上還有

其他更重要的事情，俗話已經告訴我們了：「談錢傷感情。」那些最真實的事情總是最傷感情的，科學也是如此。

　　真實世界的法則是：不管你怎麼催眠自己「一簞食一瓢飲」，只要一直沒吃東西，時間久了就是會餓，這不是什麼專業的霸權，這叫做「血糖過低促使下視丘分泌神經傳導物質」。下視丘是不會聽從人民指揮的，一旦血糖太低，它就命令你去吃東西，要是血糖太高，就提醒你別再貪嘴了。「事實」不會因為你的喜好而有所動搖。當然，我知道「只有客觀的證據，沒有客觀的判斷」，很多人會說：「一切都只是選擇的問題。」但是，關鍵在於你主觀判斷的基礎到底是什麼，是足夠的客觀事實，還是「我覺得是這樣，就一定是這樣」？情緒只會製造問題，不能解決問題。

　　有些人說：「科學也會錯，所以科學不能解決所有的問題。」沒錯，全世界的科學家都承認科學的結果不一定永遠是對的，但你也難以否認科學是當今最可信的方法，套一句俗話是這麼說的：「科學不是萬能的，但沒有科學是萬萬不能的」。你當然有權不相信科學，前提

是你得提出更可信的證據，否則凡事都拿「不信任」當擋箭牌，這和國中生打群架沒兩樣。科學發展數千年，所有知識與創新，都是基於前人的智慧結晶，也許科學不能幫你選擇，但是科學是你在面臨抉選擇的當下，最值得你信賴的夥伴。

還是那句話，我們不可能碰到任何自己不懂的事情，都得從「已知用火」開始反思，我們沒有那麼多的兩百萬年可以反思的，重力波不會因為你的意識型態而消失，科學就是這麼一回事。

參考資料

最後的最後，還是不免俗地放入一些雖然大家可能沒空看、但是對本書論述非常重要的科學報告與教科書，請大家參考、指教，謝謝。

1. **國際輻射防護委員會第103號報告書：2007年建議書**
   The 2007 Recommendations of the International Commission on Radiological Protection. ICRP Publication 103. Ann. ICRP 37 (2-4), 2007

2. **國際輻射防護委員會第60號報告書：1990年建議書**
   ICRP, 1991. 1990 Recommendations of the International Commission on Radiological Protection. ICRP Publication 60. Ann. ICRP 21 (1-3).

3. **國際輻射防護委員會第105號報告書：醫療輻射防護**
   ICRP, 2000. Pregnancy and Medical Radiation. ICRP Publication 84. Ann. ICRP 30 (1).

4. **國際癌症研究署評估人類致癌因子報告序文**
   ICRP, 2007. Radiological Protection in Medicine. ICRP Publication 105.Ann. ICRP 37 (6).

5. **衛生福利部國民健康署101年癌症登記報告**
   Cancer Registry Annual Report, 2012, Taiwan

6. **美國國家癌症研究所癌症統計報告（1975～2012）**
   Howlader N, Noone AM, Krapcho M, Garshell J, Miller D, Altekruse SF, Kosary CL, Yu M, Ruhl J, Tatalovich Z,Mariotto A, Lewis DR, Chen HS, Feuer EJ, Cronin KA (eds). SEER Cancer Statistics Review, 1975-2012, National Cancer Institute. Bethesda, MD, April 2015.

7. **原子彈倖存者死亡率研究：第13號報告書**
   Preston DL, Shimizu Y, Pierce DA, Suyama A, Mabuchi K. Studies of mortality of atomic bomb survivors. Report 13: Solid cancer and noncancer disease mortality: 1950-1997. Radiat Res. 2003 Oct;160(4):381-407.

8. **職業游離輻射曝露的癌症風險追蹤研究**
   Richardson DB, Cardis E, Daniels RD, Gillies M, O'Hagan JA, Hamra GB, Haylock R, Laurier D, Leuraud K, Moissonnier M, Schubauer-Berigan MK, Thierry-Chef I, Kesminiene A. Risk of cancer from occupational exposure to ionising radiation: retrospective cohort study of workers in France, the United Kingdom, and the United States (INWORKS). BMJ. 2015 Oct 20;351:h5359

9. **輻射曝露與懷孕：我們何時需要擔心？**
McCollough CH, Schueler BA, Atwell TD, Braun NN, Regner DM, Brown DL, LeRoy AJ. Radiation exposure and pregnancy: when should we be concerned? Radiographics. 2007 Jul-Aug;27(4):909-17

10. **懷孕病人的診斷輻射曝露：醫療管理指南**
Wagner LK, Lester RG, Saldana LR. Exposure of the pregnant patient to diagnostic radiations: a guide to medical management. Madison, WI: Medical Physics Publishing, 1997.

11. **電腦斷層檢查的兒童白血病與腦癌風險追蹤研究**
Pearce MS, Salotti JA, Little MP, McHugh K, Lee C, Kim KP, Howe NL, Ronckers CM, Rajaraman P, Sir Craft AW, Parker L, Berrington de González A. Radiation exposure from CT scans in childhood and subsequent risk of leukaemia and brain tumours: a retrospective cohort study. Lancet. 2012 Aug 4;380(9840):499-505

12. **低劑量胸腔電腦斷層輻射劑量評估**
Larke FJ, Kruger RL, Cagnon CH, Flynn MJ, McNitt-Gray MM, Wu X, Judy PF, Cody DD. Estimated radiation dose associated with low-dose chest CT of average-size participants in the National Lung Screening Trial. AJR Am J Roentgenol. 2011 Nov;197(5):1165-9

13. **國際衛生組織報告：2011年東日本大震災核子事故健康風險評估**
Health risk assessment from the nuclear accident after the 2011 Great East Japan earthquake and tsunami, based on a preliminary dose estimation. WHO 2013 ISBN: 978-92-4-150513-0

14. **輻射屋居民流行病學調查及研究**
W.L. Chen, Y.C. Luan, M.C. Shieh, S.T. Chen, H.T. Kung, K.L Soong, Y.C. Yeh, T.S. Chou, S.H. Mong, J.T. Wu, C.P. Sun, W.P. Deng, M.F. Wu, and M.L. Shen. Effects of Cobalt-60 Exposure on Health of Taiwan Residents Suggest New Approach Needed in Radiation Protection. Dose Response. 2007; 5(1): 63–75.

15. **醫學影像的基礎物理學**
The Essential Physics of Medical Imaging, Third Edition. Bushberg JT, Seibert JA, Leidholdt EM, Boone JM

Life系列 029

怕輻射，不如先補腦

作　　者──廖彥朋
主　　編──邱憶伶
責任編輯──陳珮真
責任企畫──葉蘭芳

總 編 輯──李采洪
發 行 人──趙政岷
出 版 者──時報文化出版企業股份有限公司
　　　　　　10803台北市和平西路3段240號3樓
　　　　　　發行專線─（02）2306-6842
　　　　　　讀者服務專線─0800-231-705・（02）2304-7103
　　　　　　讀者服務傳真─（02）2304-6858
　　　　　　郵撥─19344724時報文化出版公司
　　　　　　信箱─台北郵政79～99信箱
時報悅讀網──http://www.readingtimes.com.tw
電子郵件信箱──newstudy@readingtimes.com.tw
時報出版愛讀者粉絲團──http://www.facebook.com/readingtimes.2
法律顧問──理律法律事務所　陳長文律師、李念祖律師
印　　刷──華展印刷有限公司
初版一刷──2016年3月11日
初版三刷──2018年1月3日
定　　價──新台幣280元
（缺頁或破損的書，請寄回更換）

時報文化出版公司成立於一九七五年，
並於一九九九年股票上櫃公開發行，於二〇〇八年脫離中時集團非屬旺中，
以「尊重智慧與創意的文化事業」為信念。

　怕輻射，不如先補腦 / 廖彥朋著. -- 初版.
-- 台北市：時報文化, 2016.03
　　面；　公分. -- （Life系列；029）
　　ISBN 978-957-13-6573-2（平裝）

　1.輻射防護

449.8　　　　　　　　　　　　105002772

ISBN 978-957-13-6573-2
Printed in Taiwan